JSA-S1003

保険代理店サービス品質管理態勢の指針

解説

吉田 桂公・川西 拓人・行木　隆・松本 一成　共著
(一財)保険代理店サービス品質管理機構　監修

日本規格協会

執筆者名簿

吉田　桂公　のぞみ総合法律事務所 パートナー弁護士，公認不正検査士
一般社団法人日本損害保険代理業協会 アドバイザー
一般財団法人保険代理店サービス品質管理機構 監事

川西　拓人　のぞみ総合法律事務所 パートナー弁護士
一般財団法人保険代理店サービス品質管理機構 アドバイザー

行木　　隆　株式会社カブト 代表取締役
一般財団法人保険代理店サービス品質管理機構 評議員

松本　一成　NPO 法人日本リスクマネジャー＆コンサルタント協会 副理事長
一般社団法人日本損害保険代理業協会 理事
ARICE ホールディングス株式会社 代表取締役
一般財団法人保険代理店サービス品質管理機構 監事

（順不同，敬称略，所属は執筆時）

本書について

本書は，日本国内で事業を営む保険代理店において，一般財団法人日本規格協会（JSA）が発行する“JSA-S1003：2021　保険代理店サービス品質管理態勢の指針”（以下，本規格という.）に準じた業務運営がなされているかについて審査・認証を行う一般財団法人保険代理店サービス品質管理機構*（以下，本機構という.）によって監修された本規格の解説書である.

* 本機構は，本規格の開発グループメンバーで構成された組織である.

本書の構成は，本規格の“4　態勢整備の基本的な考え方”～“6　保険募集業務及び保険契約管理業務”についての解説と一部参考例を紹介している．そして，保険代理店経営・保険提案のあり方について，参考資料として一つの考え方を紹介している.

本書が，保険代理店のサービス品質の向上の一助となれば幸いである.

2021 年 2 月

執筆者一同

凡　　例

略　称	名称（法令等）
本規格	JSA-S1003 : 2021　保険代理店サービス品質管理態勢の指針
法	保険業法
規則	保険業法施行規則
監督指針	保険会社向けの総合的な監督指針（2021 年 1 月）
損保協会“募集コンプライアンスガイド”	一般社団法人日本損害保険協会“募集コンプライアンスガイド”（2020 年 12 月 28 日）
生保協会ガイドライン	一般社団法人生命保険協会“保険募集人の体制整備に関するガイドライン”（2020 年 7 月 13 日）
生保協会	一般社団法人生命保険協会
パブコメ結果	2015 年 5 月 27 日“平成 26 年改正保険業法（2 年以内施行）に係る政府令・監督指針案”に対するパブリックコメントの結果

目　　次

“JSA-S1003：2021　保険代理店サービス品質管理態勢の指針”に関する解説

参考資料　保険代理店経営・保険提案のあり方

“JSA-S1003：2021　保険代理店サービス品質管理態勢の指針”に関する解説

“JSA-S1003：2021　保険代理店サービス品質管理態勢の指針”に関する解説

“JSA-S1003：2021　保険代理店サービス品質管理態勢の指針”の内容等について，法的根拠等を踏まえて解説する．

第 1 章　態勢整備の基本的な考え方

1.1　PDCA サイクル

JSA-S1003

4　態勢整備の基本的な考え方

4.1　PDCA サイクル

保険代理店は，その業務内容及び規模・特性に応じ，保険募集などの業務の健全かつ適切な運営を確保するための措置として，次のとおり PDCA サイクルを構築する．態勢整備とは，PDCA サイクルを構築することである．

a)　方針・計画・内部規程[2]（社内規程，社内規則，マニュアルなど）の策定（Plan）

b)　組織体制の整備（部門[3]，責任者などの設置），役職員への教育・管理・指導（Do）

c)　態勢の評価（内部監査等）（Check）

d)　評価に基づく態勢の改善活動（Act）

注 [2]　“規程”などの名称に決まりはないが，一般的には，“規程”は，主に，担当部門・責任者の役割・責任などについて規定し，“規則”及び“マニュアル”は，主に，具体的な対応手順，留意点などについて規定するものを指すことが多いと思われる．

[3]　保険代理店の規模・特性は様々であり，人員が十分にいない場

> 合には，“部門”ではなく，“責任者”を設置することで対応することも可能であり（ただし，この場合でも，当該保険代理店の規模・特性に鑑みて，“部門”を設置する場合と同様の“機能”を備えていることが必要と考える.），また，人員が十分にいない場合には，部門を統合する（一つの部門が，他部門の業務・機能を兼務する．例えば，コンプライアンス部門が，保険募集管理部門の業務・機能も兼務するなど），責任者を兼務とすることも認められると考える（ただし，当該保険代理店の規模・特性に鑑みて，各部門・責任者を設置する場合と同様の“機能”を備えていることが必要と考える.）．

【解　説】

1　体制（態勢）整備義務に関する法・監督指針の規定

法294条の3第1項は，「保険募集人は，保険募集の業務（自らが保険募集を行った団体保険に係る保険契約に加入させるための行為に係る業務その他の保険募集の業務に密接に関連する業務を含む．以下この条並びに第305条第2項及び第3項において同じ.）に関し，この法律又は他の法律に別段の定めがあるものを除くほか，内閣府令で定めるところにより，保険募集の業務に係る重要な事項の顧客への説明，保険募集の業務に関して取得した顧客に関する情報の適正な取扱い，保険募集の業務を第三者に委託する場合における当該保険募集の業務の的確な遂行，二以上の所属保険会社等を有する場合における当該所属保険会社等が引き受ける保険に係る一の保険契約の契約内容につき当該保険に係る他の保険契約の契約内容と比較した事項の提供，保険募集人指導事業（他の保険募集人に対し，保険募集の業務の指導に関する基本となるべき事項（当該他の保険募集人が行う保険募集の業務の方法又は条件に関する重要な事項を含むものに限る.）を定めて，継続的に当該他の保険募集人が行う保険募集の業務の指導を行う事業をいう.）を実施する場合における当該指導の実施方針の適正な策定及び当該実施方針に基づく適切な指導その他の健全かつ適切な運営を確保するための措置を講じなければならない.」と規定しており，保険代理店には体制（態勢）整備義務が課されている[*1].

そして，これを受けて，監督指針Ⅱ-4-2-9 は，以下のように規定している．

監督指針Ⅱ-4-2-9　保険募集人の体制整備義務（法第 294 条の 3 関係）

保険募集人においては，保険募集に関する業務について，業務の健全かつ適切な運営を確保するための措置を講じているか．また，監査等を通じて実態等を把握し，不適切と認められる場合には，適切な措置を講じるとともに改善に向けた態勢整備を図っているか.

（略）

(1)　保険募集に関する法令等の遵守，保険契約に関する知識，内部事務管理態勢の整備（顧客情報の適正な管理を含む.）等について，社内規則等に定めて，保険募集に従事する役員又は使用人の育成，資質の向上を図るための措置を講じるなど，適切な教育・管理・指導を行っているか.

(2)　顧客情報管理（外部委託先を含む.）については，保険募集人の規模や業務特性に応じて，基本的にⅡ-4-5 に準じるものとする.

(3)　保険募集人が募集関連行為を募集関連行為従事者に行わせるにあたっての留意点については，Ⅱ-4-2-1(2) を参照するものとする.

(4)　保険会社のために保険契約の締結の代理・媒介を行う立場を誤解させるような表示を行っていないか.

（注）　単に「公平・中立」との表示を行った場合には,「保険会社と顧客との間で中立である」と顧客が誤解するおそれがある点に留意する.

（略）

---

*1　具体的な態勢整備の内容は，規則 227 条の 7 ～ 227 条の 15 で規定している.

2　PDCA サイクル

態勢整備を行うには，“PDCA サイクル”という考え方が基本となり，“PDCA サイクル”を有効に機能させることが必要である．

“PDCA サイクル”とは，以下をそれぞれ適切に行っているかを検証する業務改善のプロセスのことをいう（図 1.1 参照）．

①　Plan：方針・計画・内部規程（社内規程，社内規則，マニュアルなど）の策定

②　Do：組織体制の整備（部門，責任者などの設置），役職員への教育・管理・指導

③　Check：態勢の評価（内部監査等）

④　Act：評価に基づく態勢の改善活動

監督指針Ⅱ-4-2-9(1) は，「保険募集に関する法令等の遵守，保険契約に関する知識，内部事務管理態勢の整備（顧客情報の適正な管理を含む．）等について，社内規則等に定めて，保険募集に従事する役員又は使用人の育成，資質の向上を図るための措置を講じるなど，適切な教育・管理・指導を行っているか．」と規定しているが，「保険募集に関する法令等の遵守，保険契約に関する知識，内部事務管理態勢の整備（顧客情報の適正な管理を含む．）等について，社内規則等に定めて」の部分は“P”，「保険募集に従事する役員又は使用人の育成，資質の向上を図るための措置を講じるなど，適切な教育・管理・指導を行っているか」の部分は“D”を示している．そして，監督指針Ⅱ-4-2-9 前文で，「監査等を通じて実態等を把握し，不適切と認められる場合には，適切な

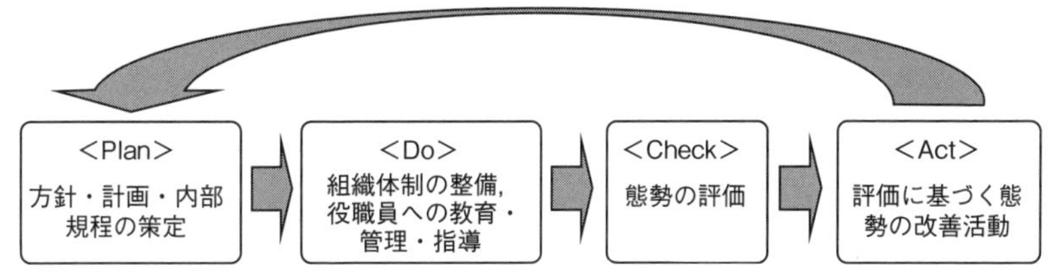

図 1.1　PDCA サイクル

措置を講じるとともに改善に向けた態勢整備を図っているか.」と規定しているところ,「監査等を通じて実態等を把握し」の部分は“C”,「不適切と認められる場合には，適切な措置を講じるとともに改善に向けた態勢整備を図っているか」の部分は“A”を示している.

このように，監督指針でも，保険代理店において,“PDCAサイクル”に基づいた態勢整備を行う必要があることが明示されている.

本規格では,“体制”は組織体制そのもの,“態勢”は内部規程及び組織体制の機能が実際に発揮されている状態にあるもの，との意味で使用しているが，保険代理店においては,“体制”の整備にとどまらず,“態勢”の整備まで行うことが求められる.“体制”を機能させ,“態勢”とするためには，募集人が実際に内部規程に則って活動しているか，また，組織が有効に機能しているかを自ら検証する必要があり，まさに,“C”“A”の活動が非常に重要となる.

1.2　三線モデル

JSA-S1003

4.2　三線モデル

次のとおり，リスク管理に関する，①営業部門，②コンプライアンス部門などの管理部門，及び③内部監査部門の機能を“三線モデル”(Three Lines Model) の考え方で整理することができ，これに基づく態勢の構築を行うことが望ましい.

a)　**第1線**　第1線とは，営業部門を指す．営業部門は事業活動に起因するリスクの発生源であり，リスク管理の第一義的な責任があり，自らがもつリスクを正しく理解し，自律的なリスク管理を行った上で日々の業務に携わることが求められる.

b)　**第2線**　第2線とは，コンプライアンス部門，募集管理部門などの管理部門を指す．これらの部門は，第1線の自律的なリスク管理に対して，独立した立場からけん制を行うと同時に，第1線を支援する役割も担う．管理部門は，第1線の業務及びリスクを理解し，リスク管理の専門的知見をもつことが求められる.

c) **第3線** 第3線は,内部監査部門を指す.内部監査部門は,第1線及び第2線が適切に機能しているか,更なる高度化の余地はないかなどについて,これらと独立した立場から定期的に検証していくことが求められる.内部監査については,事務不備の検証及び規程などへの準拠性の検証にとどまるなどの傾向もみられるが,業務内容及び規模・特性に応じたリスク・アセスメントを実施して監査項目を選定すること(リスクベース・アプローチ),及び経営陣への規律付けの観点からの内部監査を実施することが望ましい.

【解 説】

リスク管理に関する,①営業部門,②コンプライアンス部門などの管理部門,及び③内部監査部門の機能を“三線モデル”(Three Lines Model)の考え方で整理することができる.三線モデルは,金融事業者がどの機能をどの防衛線の部門・部署が担うかを意識的に整理することを通じて,最適な態勢の構築に役立てるための概念であり,(三線モデルに基づく態勢整備が全ての保険代理店で求められるものではないが,)これに基づく態勢の構築を行うことが望ましい(図1.2参照).

第1線とは,営業部門を指す.営業部門は事業活動に起因するリスクの発生

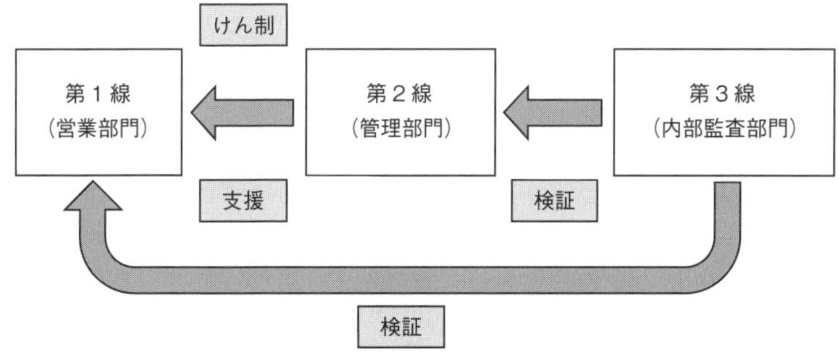

図 1.2 三線モデル

源であり（実務上，営業部門による事業活動において，コンプライアンス・リスク上の問題が生じることが多い），リスク管理の第一義的な責任を有すると考えられる．したがって，営業部門自身による現場での管理態勢については，営業部門の役職員自身が，コンプライアンス・リスク管理の責任を担うのはまさに自分自身であるという主体的・自律的な意識の下で，業務を実施していくことが重要となる．

第2線とは，コンプライアンス部門，募集管理部門などの管理部門を指す．管理部門は，営業部門の自律的なリスク管理に対して，独立した立場からけん制すると同時に，それを支援する役割を担う．また，リスクを全社的にみて統合的に管理する役割も担う．そのため，管理部門は，営業部門の業務及びそこに潜在するリスクに関する理解と，リスク管理の専門的知見とを併せ持つことが求められる．そして，管理部門がこれらの重要な機能を十分に果たすためには，経営陣が主導して，管理部門の役職員に十分な権限や地位を付与することが必要であり，また，営業部門からの独立性を確保することが望ましい．

第3線は，内部監査部門を指す．内部監査部門は，営業部門や管理部門から独立した立場で，各管理態勢について検証し，管理態勢の構築やその運用に不備があれば，経営陣に対し指摘して是正を求め，あるいは管理態勢の改善等について経営陣に助言・提言をすることが期待されている．

なお，コンプライアンス上の問題事象が生じ，内部監査部門による調査等が実施される場合，経営陣の主導により，問題事象が生じた背後にある構造的問題にさかのぼり，実効的な再発防止策を策定することが重要となる．例えば，経営陣の収益至上主義的な姿勢が問題発生の主な要素となっている場合に，その問題を避けて根本的な解決に至ることは望めない．また，取り扱う商品・サービスが急激に増加し，それに事務運営や内部管理態勢が追いつかず，コンプライアンス上の問題事象が生じた場合に，事務手続や内部管理のルールを強化するだけでは，かえって逆効果となりかねない．このような根本的な原因の分析を行うためには，経営陣が中心となり，営業部門，管理部門及び内部監査部門等の幅広い役職員による対話・議論を通じて，問題事象に至った背景・原因を多角的に分析・把握する企業文化を醸成することが重要となる．

内部監査が有効に機能するためには，経営陣に対してけん制機能を発揮できる態勢を構築するために十分な人材を質・量の両面において確保する必要がある．なお，これが困難である場合は，弁護士等の外部の専門家に監査業務の委託を行うことも有益であるが，その場合も，監査の内容・結果等について共有し，責任を持つことが重要である．

1.3　態勢の整備

JSA-S1003

4.3　態勢の整備

保険代理店は，次の態勢を整備する．

a)　経営管理（ガバナンス）態勢　適切な内部管理の観点から，役職員及び組織がそれぞれ求められる役割及び責任を果たし，経営管理（ガバナンス）が有効に機能している．

1)　（狭義の）経営管理態勢　各役職員が，内部管理の各プロセスにおける自らの役割を理解し，プロセスに十分に関与している．

2)　内部監査等態勢　保険代理店の規模・特性に応じ，内部監査等の機能が適切に発揮されている．

b)　法令等遵守態勢　保険代理店業務に必要な法令［保険業法，保険法，消費者契約法，金融商品の販売等に関する法律，金融商品取引法，犯罪収益移転防止法（犯罪による収益の移転防止に関する法律），個人情報保護法（個人情報の保護に関する法律），景品表示法（不当景品類及び不当表示防止法），会社法など］のほか，条例（暴力団排除条例など），金融当局が定めたガイドライン（保険会社向けの総合的な監督指針，金融分野における個人情報保護に関するガイドラインなど），自社で定めた内部規程などを遵守することが有効に機能している．

c)　保険募集管理態勢　保険募集に関する法令などの遵守を確保し，適正な保険募集を実現するために必要となる管理が有効に機能している．

d）**顧客保護等管理態勢**　顧客の保護及び利便の向上の観点から，次を達成するために必要となる管理が有効に機能している．

1）**保険契約管理態勢**　保険契約の内容の変更，解約及び失効その他の保険契約の管理（契約締結後のフォローアップを含む）が迅速かつ適切に行われることの確保

2）**顧客サポート等管理態勢**　顧客からの問合せ，相談，要望，苦情及び紛争（以下，相談・苦情等という．）への対処が適切に処理されることの確保

3）**顧客情報管理態勢**　顧客の情報が，漏えい防止の観点から適切に管理されることの確保

4）**外部委託管理態勢**　保険会社の業務が外部委託される場合における業務遂行の的確性を確保し，顧客情報及び顧客への対応が適切に実施されることの確保

【解　説】　各態勢の解説の詳細は，第２章を参照．

第２章　保険代理店の態勢

2.1　経営管理（ガバナンス）態勢

2.1.1　（狭義の）経営管理態勢

JSA-S1003

5　保険代理店の態勢

5.1　経営管理（ガバナンス）態勢

5.1.1　（狭義の）経営管理態勢

経営管理態勢における P（Plan）及び D（Do）は，次による.

a)　当該保険代理店が目指す目標の達成に向けた経営方針，経営理念，経営計画，法令等遵守態勢に係る基本方針など（以下，経営方針等という.）を明確に定め，これらを社内に周知する.

b)　代表取締役は，法令等遵守，適正な保険募集及び顧客保護等を経営上の重要課題として位置付ける.

c)　代表取締役は，経営方針等に沿って適切な人的・物的資源配分を行い，かつ，それらの状況を機動的に管理する態勢を整備するため，適切に権限を行使する.

d)　代表取締役は，法令等遵守，適正な保険募集及び顧客保護等に対する取組姿勢を役職員に理解させるための具体的方策を講じる（例えば，種々の会議などの機会において，法令等遵守，適正な保険募集及び顧客保護等に対する取組姿勢を役職員に対し積極的に明示するなど）.

e)　（取締役が複数存在する場合）取締役は，業務執行に当たる代表取締役の独断専行をけん制・抑止し，適切な業務執行を実現する観点から，取締役会等[4)]の会議体において実質的議論を行い，業務執行の意思決定及び業務執行の監督の職責を果たす（例えば，取締役会規程において，法令等遵守，適正な保険募集及び顧客保護等に関する事項のうち，当該保険代理店の経営にとって重大な影響があるものを取締役会等の専決事項とした上，重大性の判断を代表取締役に委ねないなどの態勢とする.).

f)　取締役は，職務の執行に当たり，保険代理店の業務の健全かつ適切な運営の観点から，取締役会等において実質的議論を行うなど，善管注意義務・忠実義務を十分果たす.

g)　代表取締役（又は取締役会等）は，当該保険代理店の内部及び外部から，法令等遵守，適正な保険募集及び顧客保護等に関し，経営管理上必要となる情報などを適時に取得する態勢を整備する.

h)　代表取締役（又は取締役会等）は，取締役などの職務の執行に係る情報の保存及び管理に関する態勢を整備する（例えば，取締役会等の議事録を適切に作成し，保存及び管理するほか，必要に応じ取締役などの指示又は決裁書類を記録し，保存及び管理すること）.

i)　議事録は，原資料と併せて，取締役会等に報告された内容（法令等遵守，保険募集の適正性及び顧客保護等に係る問題点のほか，不正行為，トラブルなどの報告を含む.），取締役会等の承認・決定の内容（取締役会等の議論の経過及び議論の内容を含む.）など，議案及び議事の内容の詳細が確認できるものにしなければならない．また，原資料は，議事録と同期間保存及び管理することが望ましい.

j)　取締役会等は，営業部門を過度に重視するのではなく，法令等遵守，適正な保険募集及び顧客保護等を重視する具体的方策を実施する（例えば，これらの業務に従事する職員につき，業績評価・人事考課上，公平に位置付け，その戦略上の重要性に鑑み，適切な評価を与える態勢を整備する.）.

　注[4)]　“取締役会等”には，取締役会のほか，経営会議などの経営陣レベルによって構成される経営に関する事項を決定する組織も含む.

経営管理態勢におけるC（Check）及びA（Act）は，次による.

a)　代表取締役は，定期的に又は必要に応じて随時，業務運営の状況の報告を受け，必要に応じて調査などを実施させることによって，経営方針等の有効性・妥当性及びこれらにのっとった当該保険代理店全体の態勢の実効性を検証する．

b）代表取締役は，**a**）の検証結果などを踏まえ，適時適切に態勢上の問題点の改善を実施する．

【解　説】

1　経営管理（ガバナンス）態勢と体制（態勢）整備義務

本規格 **4.1** の解説のとおり，法 294 条の 3 第 1 項及び監督指針Ⅱ-4-2-9 等は，保険代理店に対して態勢整備を求めている．保険代理店が体制（態勢）整備義務を適切に果たす観点で，保険代理店の経営管理（ガバナンス）が有効に機能するためには，代表取締役をはじめとする役員が内部管理の観点で高い職業倫理感を持ち，全ての役職員に内部管理の重要性を周知し，理解させることが必要であり，また，全ての役職員が内部管理における自らの役割を理解し，その役割を果たすことが必要となる．

このような観点で，経営管理（ガバナンス）態勢のチェック項目においては，保険代理店の経営管理の基本的な要素が機能しているかを検証する項目を設けている．（狭義の）経営管理態勢として，代表取締役・取締役・取締役会等の役割・責任及び内部監査等態勢の実効性を検証することとした．なお，本チェック項目では触れていないものの，保険代理店によっては，監査役が設置されている会社や外部監査（弁護士等の専門家への内部監査業務の委託等）の活用が行われている場合も想定され，その場合には，監査役の機能発揮の状況や外部監査の活用の状況も検証対象とすることが考えられる．

なお，態勢整備は各保険代理店の“規模・特性”に応じて行う必要がある．この規模・特性は専属か乗合か，専業か兼業かといった募集形態や，定量的な人員数，収入保険料等のみで一律に判断されるものではなく，これらの事情を総合的・個別的に判断することになる．この点，損保協会“募集コンプライアンスガイド”で，表2.1が示されており，参考になる．

表2.1　規模・特性に応じた体制整備のイメージ

		特　性	
		保険会社の管理・指導の範囲内の業務	独自業務(注2)
規模(注1)	小規模代理店	《右記以外の小規模代理店》 ・所属保険会社のマニュアルを自らの社内規則と位置付け(注3)，同社内規則等に沿って適切かつ主体的に業務を実施する体制を整備 ・代理店主による従業員に対する教育・管理・指導の実施，自主点検の実施　など	《独自業務を行う小規模代理店》 ・左記の体制を整備 ・独自業務に係る社内規則の策定，その特性に応じ，代理店主による従業員に対する教育・管理・指導の実施(注4)，自主点検の実施　など
	大規模代理店	《右記以外の大規模代理店》 ・所属保険会社のマニュアルを自らの社内規則と位置付け(注3)，同社内規則等に沿って適切かつ主体的に業務を実施する体制を整備 ・その規模に応じ，代理店主・管理者等による担当拠点・従業員に対する組織的な教育・管理・指導の実施，自主点検の実施　など	《独自業務を行う大規模代理店》 ・左記の体制を整備 ・独自業務に係る社内規則の策定，その規模・特性に応じ，代理店主・管理者等による担当拠点・従業員に対する組織的な教育・管理・指導の実施(注4)，自主点検の実施　など

(注1)「規模」については，代理店主のみによる管理が可能な規模を『小規模』，拠点数や募集人数が多く，代理店主以外の者等による管理も必要な規模を『大規模』と表記しています．

(注2)「独自業務」の例としては，複数社の商品の推奨販売・比較説明をする場合や，フランチャイズ代理店による保険募集人指導事業等の，所属保険会社のマニュアルに記載のない業務があります．

(注3) 代理店独自の社内規則の策定を否定する趣旨ではありません．ただし，『保険会社の管理・指導の範囲内の業務』について代理店独自の社内規則を策定する場合は，所属保険会社のマニュアルに反しない内容とすることに留意が必要です．

(注4) 例えば，個別プランの説明に加え，商品間の比較についても研修等を実施することなどが考えられます．

[出典：損保協会“募集コンプライアンスガイド，p. 86”]

2　(狭義の) 経営管理態勢

(1)　P・Dのチェック項目

(狭義の) 経営管理態勢におけるP及びDに関するチェック項目として，概要，(a) 代表取締役による経営方針等の策定と周知*1，(b) 代表取締役が内部管理態勢の整備を経営上の重要課題として位置付けること，(c) 代表取締役による経営方針等に沿った人的・物的資源配分等，(d) 代表取締役が内部管理態勢への取組姿勢を理解させる具体的方策を講じていること，(e) 取締役による代表取締役へのけん制・抑止，業務執行の意思決定・監督，(f) 取締役会等における実質的な議論の確保，(g) 代表取締役又は取締役会等における経営管理上必要な情報取得のための態勢整備，(h) 代表取締役又は取締役会等における職務執行に係る情報の保存及び管理態勢の整備，(i) 議事録の適切な作成と保管・管理，(j) 取締役会等における内部管理を重視した方策の実施を挙げた．

これらのチェック項目は，いずれも，保険代理店が，自らが目指す目標の達成に向けた経営方針等を掲げ，これらに基づいた組織体制の整備を行うに当たって必要な項目と考えるが，これらはあくまで例示列挙である．これらのチェック項目に字義どおり対応していなくとも，経営管理の適切性の確保の観点からみて，保険代理店の対応が合理的で，その規模・特性に応じた十分なものと認められれば適切な対応と評価でき，また，これらのチェック項目に字義どおり対応していれば，経営管理に係る態勢整備が十分であることが保証される性

---

*1　金融庁「コンプライアンス・リスク管理に関する傾向と課題」(2020 年 7 月一部更新)，p. 12 では，「企業理念，社是（行是)，倫理基準，行動規範等は，作成すること自体が目的ではなく，目指す企業文化を醸成するための一つの手段にすぎない．そこで示された基本理念が役職員にとって共感できるものであり，真に理解された上で浸透し，日々の業務運営において実践される段階に至って初めて意味をなすものである．したがって，文面上整った美しい基本理念を策定し，役職員に示し続けたとしても，かかる基本理念が役職員にとって共感することが困難なものであり，また，建前にすぎないようであれば（日々の言動等を通じて，それが建前にすぎないと役職員に解釈されてしまうようであれば)，役職員の理解は到底得られず，基本理念に基づいた業務運営が実践されることはあり得ない．」と記載されており，経営理念等について，どのような責務（ミッション）を果たそうと考えているか，自社にとっての組織共通の価値観（バリュー）とはどのようなものか，将来の“ありたい姿”として，どのような組織を長期的に作り上げていくことを目標（ビジョン）としているか，自社のパーパス（存在意義）は何か等を検討することは重要である．そして，経営理念等が，どのような効果を果たしているかを考え（例えば，組織としての目指すべき姿を明確にし，中長期的な観点からの意思決定，経営理念に共感した従業員が自ら考え，行動し，高い成果を出す素地，不祥事の予防（コンプライアンス意識の向上）や不祥事発生時の拠るべき行動指針，行員のモチベーションの向上，企業のブランドイメージの向上など)，経営理念等を社内に浸透させるための取組みを行うことが重要である．

質のものでもない[*2].

なお，チェック項目に言及する“取締役会等”には，取締役会のほか，経営会議，常務会等の経営陣レベルで構成される経営に関する事項を決定する組織も含まれる．ただし，経営の意思決定には様々な形態があり，形式的に名称が“常務会”“経営会議”等とされていても実態が伴わない例もあり，個々の保険代理店の意思決定プロセスの実態を踏まえて，事実上の意思決定機関といえる状況にあるかどうかが問題となる（例えば，代表取締役が経営会議の議論を尊重せず，事実上，独断で決定している実態があれば，経営会議が“取締役会等”に該当しないと評価される場合もあると考えられる．）．

また，チェック項目（i）に関し，取締役会等の議事録については，経営管理の観点からは，取締役会等における議案及び議事の内容の詳細な記録が残されていなければその適切性を検証することができないため，“原資料と併せて”“議案及び議事の内容の詳細が確認できるものとなっているか．”を検証することとしている．原資料の例としては，例えば，議事録として整えられる前に作成された議事の詳細な記録，発言内容メモや，会議に提出された資料等が挙げられるが，これらに限らず，経営管理の観点から必要となるものを適切に保存及び管理しているかが問題となる．

(2)　C・A のチェック項目

（狭義の）経営管理態勢における C 及び A に関するチェック項目として，概要，（a）代表取締役が業務状況の報告を受け，態勢の実効性の検証を行っているか，（b）その検証結果を踏まえ，態勢上の問題点の改善を実施しているか，を挙げた．（a）が“C”を，（b）が“A”を示している．

本規格 **4.1** の解説のとおり，保険代理店においては，“体制”の整備にとどまらず“態勢”の整備まで行うことが求められており，“体制”を機能させ“態勢”とするためには，検証・改善の機能が極めて重要となる．

[*2] このことは，経営管理態勢のチェック項目のみならず，本規格のチェック項目全てに共通する理解である．

2.1.2　内部監査等態勢

JSA-S1003

5.1.2　内部監査等態勢

全ての保険代理店において，必ずしも独立した内部監査部門による監査が求められるものではないが，保険代理店の規模・特性に応じ，PDCA サイクルにおける C（Check）及び A（Act）の態勢のあり方が十分に合理的かつ実効性のあるものとなっており，自社で内部監査部門による監査を行わない場合，代表取締役，管理部門などによるコンプライアンス点検などを通じて，主体的・自律的な自己検証及び改善に向けた態勢整備を行う．

自社で内部監査部門を設ける場合の検証項目を，次に示しているが，自己点検などによる態勢整備を行っている保険代理店においては，適宜“内部監査”を“自己点検”に読み替えて適用する．

内部監査等態勢における P（Plan）及び D（Do）は，次による．

a) 次のような項目について規定した内部監査等に関する内部規程を策定する．

- 内部監査部門の役割・責任及び組織に関する取決め
- 内部監査部門による情報などの入手体制
- 内部監査の実施体制
- 内部監査部門の報告体制

b) 内部監査の実施対象となる項目，実施手順，スケジュールなどを定めた要領及び内部監査計画を策定する．

c) 内部監査部門について，被監査部門等からの独立性を確保し，けん制機能が働く態勢を整備する．

d) 内部監査規程について，募集人に対する研修・指導が行われ，同規程が周知徹底されている．

e) 内部監査実施要領及び内部監査計画に基づき，被監査部門等に対し，効率的かつ実効性のある内部監査を実施する．内部監査においては，事務不備の検証及び規程などへの準拠性の検証にとどまらず，業務又は規模・特性に応じたリスク・アセスメントを実施した監査項目の選定（リスクベース・アプローチ），及び経営陣への規律付けの観点からの監査を実施することが望ましい．

f) 内部監査で把握した問題点などを正確に記録した内部監査報告書を作成し，問題点の発生頻度，重要度，原因などを分析した上，遅滞なく代表取締役（取締役会設置会社の場合は，取締役会）に報告する．

g) 内部監査部門は，内部監査実施後，被監査部門等の改善状況を適切に確認するとともに，必要に応じてその後の内部監査計画に反映する．

内部監査等態勢におけるC（Check）及びA（Act）は，次による．

a) 内部監査の結果に基づき，内部監査の実効性の分析・評価を行った上で，体制上の弱点，問題点など改善すべき点の有無及びその内容を検討するとともに，その原因の検証を行う．

b) 定期的に又は必要に応じて随時，**a)** の検証結果を踏まえ，態勢上の問題点の改善を実施する．

【解　説】

1　基本的な考え方

保険代理店の規模・特性は，小規模で取扱商品数も少ない代理店，多くの保険会社商品を取り扱い，比較説明・推奨販売をする乗合代理店，一事務所のみの代理店，多くの拠点を有する代理店，フランチャイズによる保険募集人指導事業を行う代理店等，様々である．これら全ての保険代理店において，必ずしも独立した内部監査部門による監査が求められるものではない．ただし，保険代理店の態勢整備の一環として，PDCAサイクルにおけるC及びAの態勢のあり方が十分に合理的かつ実効性のあるものとなっていることが必要であり，内部監査部門による監査を行わない場合，代表取締役，管理部門（コンプライアンス責任者）などによるコンプライアンス点検などにより，主体的・自律的な自己検証及び改善に向けた態勢整備となっていると評価できるかが，検証の対象となる．

チェック項目は，自社で内部監査部門を設ける場合を想定して定めているが，自己点検などによる態勢整備を行っている保険代理店においては，適宜“内部監査”を“自己点検”に読み替えて適用することとなる．

2 P・Dのチェック項目

内部監査等態勢におけるP及びDに関するチェック項目として，概要，(a) 内部規程の策定，(b) 内部監査実施要領及び内部監査計画の策定，(c) 内部監査部門の被監査部門等からの独立性の確保とけん制機能の発揮，(d) 内部監査規程の周知徹底，(e) 内部監査計画等に基づく内部監査の実施とリスクベース・アプローチ，経営監査，(f) 内部監査報告書の作成と報告，(g) 被監査部門の改善状況の確認と内部監査計画への反映を挙げた．

“内部監査実施要領”とは，内部監査の実施対象となる項目，実施手順及びスケジュール等を定めた要領を想定しており，実務的には内部監査マニュアル等がこれに該当することが多いと考えられる．

また，内部監査については，経営陣の理解や後押しの不足等の理由から，その役割が限定的に捉えられ，リスクアセスメント（どのようなリスクが存在するかを把握し，個々のリスクの重要性を評価すること）が不十分であり，また，事務不備の検証や規程等への準拠性の検証（規程やマニュアルが遵守されているかを形式的に検証すること）にとどまる等の傾向がみられる．内部監査の質を向上させるためには，ビジネスモデルに基づくリスクアセスメントを実施して監査項目を選定すること（リスクベース・アプローチ）や，経営陣への規律付け（適切に経営を行うよう規律付けること）の観点から内部監査を実施することが必要となる．(e) では，そのような観点で，リスクベース・アプローチ及び経営監査の観点に触れている．

内部監査部門には，被監査部門からの独立性の確保，けん制機能の発揮が求められる (c)．この点に関連し，内部監査部門の担当者が他部門の役職を兼務することが可能かが問題となる．上記のとおり，保険代理店の規模・特性は様々であり，必ずしも独立した内部監査部門による監査が求められるものでもないことから，担当者の兼務が当然に否定されるものではない．ただし，兼務が生じている場合，兼務者が自身の業務を監査するいわゆる“自己監査”の状況になる等，実質的なＣ及びＡの機能が阻害される状況とならないよう，留意を要する．

3　C・Aのチェック項目

内部監査態勢におけるＣ及びＡに関するチェック項目として，概要，(a) 内部監査の実効性の分析・評価，体制面の改善点等の検討，原因の検証，(b) 検証結果を踏まえた態勢上の問題点の改善の実施，を挙げた．(a) が“C”を，(b) が“A”を示している．

内部監査態勢向上のためには，内部監査部門が被監査部門の改善状況のフォローアップを行うにとどまらず，内部監査態勢そのものについても，経営陣を含め，事務不備の検証や規程等への準拠性の検証といった段階から，リスクベース・アプローチ，経営監査への移行が進んでいるかを検証し，改善を模索し続けることが必要となる．

2.2　法令等遵守態勢

JSA-S1003

5.2　法令等遵守態勢

法令等遵守態勢における P（Plan）及び D（Do）は，次による．

a)　次のような項目について規定した法令等遵守規程（法令等遵守に関する取決めについて定めた内部規程）を策定する．

— コンプライアンス部門・責任者の役割・責任及び組織に関する取決め

— コンプライアンス関連情報（顧客からの苦情，募集人の勤務状況，不祥事件に関する調査報告，経費支出状況などの法令等遵守に関する問題を適時かつ的確に認識するために必要となる情報）の収集，管理，分析及び検討に関する取決め

— 法令等遵守の状況のモニタリング[5)]に関する取決め及び報告・承認プ

ロセス

— リーガル・チェックなどに関する取決め（例えば，内部規程，契約書，取引，業務などのうち，リーガル・チェックなどを行うべきもの）

— 法令等の研修・指導などの実施に関する取決め

— 役職員・募集人が遵守する法令等の解説・留意点

— 役職員・募集人が法令等違反行為の疑いのある行為を発見した場合に連絡する部門など（コンプライアンス部門，内部通報窓口など）

— 不祥事件などの処理手続などに関する取決め（不祥事件などの判断基準を含む.）

— コンプライアンス部門と保険募集管理部門及び顧客サポート等管理部門との連携・情報伝達に関する取決め

b) コンプライアンス部門[6]について，営業部門からの独立性を確保し，けん制機能が働く態勢を整備することが望ましい.

c) 法令等遵守規程について，役職員に対する研修・指導を行い，同規程を周知徹底する.

d) 役職員が遵守する法令などの解説，違法行為を発見した場合の対処方法などを具体的に示した手引書（以下，コンプライアンス・マニュアルという.）を策定し，組織全体に周知する.

e) コンプライアンスを実現させるための具体的な実践計画（内部規程の整備，職員の研修計画など．以下，コンプライアンス・プログラムという.）を，少なくとも年度ごとに策定し，組織全体に周知する.

f) コンプライアンス部門は，法令等遵守の徹底を図る観点から，適宜必要な部門と連携の上，コンプライアンス関連情報の連絡・情報収集，法令等遵守に関するモニタリング，法令等違反行為への対処などを適切に行う.

注[5] “モニタリング”とは，業務運営の状況若しくはリスクの状況の報告を適時受け，又は調査することによって，経営の現状を的確に把握し，内部規程の有効性・妥当性及び全体としての態勢の実効性を検証し，法令・内部規程などに反する懸念のある行動を抑止することをいう．

6) 代理店主（代表取締役）だけによる管理が可能な規模の代理店においては，別途コンプライアンス部門・責任者などを設置せずに，代理店主（代表取締役）がコンプライアンス責任者の役割を担うことも考えられるが，その態勢のあり方が十分に合理的かつ実効性のあるものであるかについては，慎重に検証する必要があると考える（他の態勢についても同様である.）．

法令等遵守態勢におけるC（Check）及びA（Act）は，次による．

a) コンプライアンス点検及び内部監査等を通じて，法令等遵守の徹底の実効性を検証し，適時に，各種規程，組織体制，研修・指導の実施，モニタリングの方法などの見直しを行う．

b) 法令等遵守態勢におけるC（Check）及びA（Act）が適切に実施されているかについては，内部監査等において検証する．

【解　説】

1　法令等遵守態勢と体制（態勢）整備義務について

保険代理店業務に必要な法令等としては，保険業法，保険法，消費者契約法，金融商品の販売等に関する法律，金融商品取引法，犯罪による収益の移転防止に関する法律，個人情報の保護に関する法律，不当景品類及び不当表示防止法，会社法等のほか，条例（暴力団排除条例等），当局が定めるガイドライン等（監督指針，金融分野における個人情報保護に関するガイドライン等），当該保険代理店の内部規程等が考えられる．保険代理店における法令等遵守の徹底は，業務の複雑化，多様化とともに，従前に増して重要となっている．

規則227条の7では，保険募集の業務を営む場合において，「当該業務の内容及び方法に応じ，顧客の知識，経験，財産の状況及び取引を行う目的を踏まえた重要な事項の顧客への説明その他の健全かつ適切な業務の運営を確保するための措置（書面の交付その他の適切な方法による商品又は取引の内容及びリスクの説明並びに顧客の意向の適切な把握並びに犯罪を防止するための措置を含む.）に関する社内規則等（社内規則その他これに準ずるものをいう．以下この条において同じ.）を定めるとともに，従業員に対する研修その他の当該社内規則等に基づいて業務が運営されるための十分な体制を整備しなければならない.」とされ，また，監督指針Ⅱ-4-2-9(1) においても以下の着眼点が設けられており，法令等遵守に関する社内規則の策定と役職員に対する教育・管理・指導の実施が求められている.

監督指針Ⅱ-4-2-9　保険募集人の体制整備義務（法第 294 条の 3 関係）

(1) 保険募集に関する法令等の遵守，保険契約に関する知識，内部事務管理態勢の整備（顧客情報の適正な管理を含む.）等について，社内規則等に定めて，保険募集に従事する役員又は使用人の育成，資質の向上を図るための措置を講じるなど，適切な教育・管理・指導を行っているか.

2　法令等遵守態勢の検証項目

(1)　P・D のチェック項目

法令等遵守態勢における P 及び D に関するチェック項目として，概要，(a) 内部規程の策定，(b) コンプライアンス部門の営業部門からの独立性の確保とけん制機能の発揮，(c) 内部規程の周知徹底，(d) コンプライアンス・マニュアルの策定と周知，(e) コンプライアンス・プログラムの策定と周知，(f) コンプライアンス部門によるコンプライアンス関連情報の連絡・収集，モニタリング，法令等違反行為への対処を挙げた.

(a) の内部規程については，必要項目が規定されているのであればある規程を他の規程に盛り込む（統合する）こと（例えば，法令等遵守規程を保険募集管理規程に統合するなど）も可能である．また，“規程” レベルでは必要項目のうち，担当部署の役割・責任及び組織に関する取り決め等を中心に規定し，

“マニュアル”レベルで具体的な対応手順等の詳細を規定するなど，必要項目を“規程”と“マニュアル”で分けて定めることも可能である（他の内部規程についても同様である.）.

(a) にいう，法令等遵守状況の“モニタリング”とは，業務運営の状況若しくはリスクの状況の報告を適時受け，又は調査することによって，経営の現状を的確に把握し，内部規程の有効性・妥当性及び全体としての態勢の実効性を検証することを意味しており，法令等に反する懸念のある行動を抑止することを含む.

また，(a) の内部規程の項目として，“リーガル・チェックなどに関する取決め”を定めている．法令等遵守の徹底を図るためには，法的リスクの高い取引や法令等遵守の観点から疑念のある取引等を，事前に検証するための態勢の整備が重要となる．内部規程，契約書，取引，業務などのうち，リーガル・チェックを行うべきものは何かを規程上で明確に定め，チェックに漏れがないよう対応することが必要である．例えば，新たな業務を開始する前の業務の適法性・適切性，法令上求められる帳簿書類や事業報告書等のディスクロージャー，保険代理店が自ら作成する募集文書等[*3]及び広告等については，リーガル・チェックの必要性が高いと考えられる.

なお，幾つかのチェック項目において“コンプライアンス部門”の役割に言及しているが，代表取締役による管理が可能な規模の代理店においては，別途コンプライアンス部門・責任者などを設置せずに，代表取締役がコンプライアンス責任者の役割を担うことも考えられる．また，人員が十分にいない場合には，部署を統合する（一つの部署が他の部署の業務・機能を兼務する．例えば，コンプライアンス部署が保険募集管理部署の業務・機能も兼務する等），責任者を兼務とすることも認められる．ただし，その態勢のあり方が十分に合理的かつ実効性のあるものであるかについては，慎重に検証する必要がある（他の態勢についても同様である.）.

[*3] 募集文書については，保険会社による審査も必要である.

(c) では，役職員に対する研修・指導を通じた規程の周知・徹底を挙げている．研修・指導を行った場合には，その記録（実施日，開始時刻・終了時刻，実施内容，使用した資料，出席者，欠席者へのフォローの状況，理解度テストの内容及びフォロー状況等）を残すことも必要と考えられる（他の内部規程における研修・指導についても同様である.）.

(d) にいうコンプライアンス・マニュアルとは，役職員が遵守する法令などの解説，違法行為を発見した場合の対処方法などを具体的に示した手引書をいうが，例えば，以下のような点について規定することが考えられる.

・役職員が遵守すべき法令等の解説
・各業務に即した遵守すべき法令等に関する具体的かつ詳細な留意点
・役職員が法令等違反行為の疑いのある行為を発見した場合の連絡すべき部署等（コンプライアンス統括部門，ヘルプライン，コンプライアンス・ホットライン等）

(f) において，コンプライアンス部門の他部門との連携に触れているが，コンプライアンス部門は，保険代理店の様々な部署に散在するコンプライアンス関連情報（顧客からの苦情，募集人の勤務状況，不祥事件に関する調査報告，経費支出状況などの法令等遵守に関する問題を適時かつ的確に認識するために必要となる情報）を収集，管理，分析及び検討する必要があり，特に，コンプライアンス関連情報の多く発生する部門（顧客サポート等管理部門や保険募集管理部門が考えられる.）との間では，緻密な連携が求められる.

(2)　C・A のチェック項目

法令等遵守態勢における C 及び A に関するチェック項目として，概要，(a) 法令等遵守の徹底の実効性の検証と態勢の見直しと (b) 内部監査等における C 及び A の検証を挙げた.

法令等遵守の徹底の実効性の観点から，PDCA サイクルを不断に回し続けることが重要である.

2.3　保険募集管理態勢

JSA-S1003

5.3　保険募集管理態勢

保険募集管理態勢におけるP（Plan）及びD（Do）は，次による．

a)　次のような項目について規定した保険募集管理規程（保険募集に関する取決めを定めた内部規程）を策定する．

— 保険募集管理部門・責任者の役割・責任及び組織に関する取決め

— 募集コンプライアンス関連情報（コンプライアンス関連情報のうち，保険募集に関するもの）の収集，管理，分析及び検討に関する取決め

— 保険募集管理の状況のモニタリングに関する取決め及び報告・承認プロセス

— 保険募集資料など（保険募集用の資料及び広告）を自社で作成する場合に行うリーガル・チェックなど（保険会社による審査を含む．）に関する取決め

— 募集人が募集業務・手続において遵守する事項（募集手順）に関する取決め[7)]

— 募集人の採用に関する取決め

— 保険募集管理部門とコンプライアンス部門及び顧客サポート等管理部門との連携・情報伝達に関する取決め

b)　保険募集管理部門について，営業部門からの独立性を確保し，けん制機能が働く態勢を整備することが望ましい．

c)　保険募集管理規程について，役職員に対する研修・指導を行い，同規程を周知徹底する．

d)　保険募集に関して役職員などが遵守する法令等の解説，適正な保険募集のために履践する顧客説明に関する手続などを具体的に示した手引書［以下，保険募集コンプライアンス・マニュアル[8)]という.］を策定し，組織全体及び募集人に周知する．

e)　保険募集に関するコンプライアンスを実現させるための具体的な実践計

画［内部規程の整備，職員の研修計画など．以下，保険募集コンプライアンス・プログラム[9]という．］を，少なくとも年度ごとに策定し，組織全体に周知する．

f) 保険募集管理部門は，保険募集に関する法令等遵守の徹底を図る観点から，適宜必要な部門と連携の上，募集コンプライアンス関連情報の収集，管理，分析及び検討，募集コンプライアンスの状況に関するモニタリング，保険募集に関する法令等違反行為等への対応，保険募集資料の表示の管理などが適切に行われる体制を整備する．

注[7]　意向把握のプロセスについても社内規程で定める必要がある．

なお，第一分野・第三分野の保険商品を提案する際には，どの時点の意向を当初意向として捉えるのかを明確化する必要がある．

また，乗合代理店が比較・推奨を行う場合，比較・推奨のプロセスについても社内規程で定める必要がある．保険代理店が，顧客の意向に沿って商品を選別し，商品を推奨する方針を取る場合，特定の商品を提示・推奨する基準，理由などは，当該保険代理店が定めるものであり，所属募集人ごと各々の事情に応じた基準，理由などによる提示・推奨は認められない．比較・推奨の場面で，保険代理店独自の基準で推奨保険会社・推奨保険商品を定めている場合，顧客がそれら以外の保険会社・保険商品の提案を求めてきた場合の対応を決めておく必要がある（推奨保険会社・推奨保険商品以外の保険会社・保険商品の中で，顧客の意向を踏まえて，どの保険商品を提案するかを保険代理店として決めておくなど）．

さらに，変額保険，変額年金保険，外貨建て保険などの投資性商品（特定保険契約）を取り扱う場合，特定保険契約の特性等に応じ，あらかじめ，どのような考慮要素，手続をもって特定保険契約の勧誘を行うかの方法を定める必要がある．

8) 保険募集コンプライアンス・マニュアルは，コンプライアンス・マニュアルなどに一体化されている場合もある．

9) 保険募集コンプライアンス・プログラムは，コンプライアンス・プログラムなどに一体化されている場合もある．

保険募集管理態勢における C（Check）及び A（Act）は，次による．

a) コンプライアンス点検及び内部監査等を通じて，保険募集管理の徹底の実効性を検証し，適時に，各種規程，組織体制，研修・指導の実施，モニタリングの方法などの見直しを行い，必要に応じて改善する．

b) 保険募集管理態勢における C（Check）及び A（Act）が適切に実施されているかについては，内部監査等において検証する．

【解　説】

1　保険募集管理態勢と体制（態勢）整備義務について

（1）　保険業法及び監督指針の定め

規則 227 条の 7 において，社内規則等の策定と役職員に対する教育・管理・指導の実施について定めるとともに，227 条の 8 において，特定の団体保険における保険契約者から加入者への情報提供等の確保，227 条の 12 において，二以上の所属保険会社を有する保険募集人に係る誤認防止，227 条の 13 において，自己の商標等の使用を他の保険募集人に許諾した保険募集人に係る誤認防止，227 条の 14 において，契約内容を比較した事項の提供の適切性を確保するための措置，227 条の 15 において，保険募集人指導事業の的確な遂行を確保するための措置が定められている．監督指針においても，Ⅱ-4-2-9(1)，(3)～(8)，同Ⅱ-4-2-2(3)④等の定めが置かれている．

（2）　募集関連行為

監督指針Ⅱ-4-2-9(3) 及びⅡ-4-2-1(2) は，以下のとおり募集関連行為に関する監督上の着眼項目を定めている．

監督指針Ⅱ-4-2-9　保険募集人の体制整備義務（法第294条の3関係）

(3) 保険募集人が募集関連行為を募集関連行為従事者に行わせるにあたっての留意点については，Ⅱ-4-2-1(2) を参照するものとする．

監督指針Ⅱ-4-2-1　適正な保険募集管理態勢の確立

(2)「募集関連行為」について

契約見込客の発掘から契約成立に至るまでの広い意味での保険募集のプロセスのうち上記 (1) に照らして保険募集に該当しない行為（以下，「募集関連行為」という.）については，直ちに募集規制が適用されるものではない.

しかし，保険会社又は保険募集人においては，募集関連行為を第三者に委託し，又はそれに準じる関係に基づいて行わせる場合には，当該募集関連行為を受託した第三者（以下，「募集関連行為従事者」という.）が不適切な行為を行わないよう，例えば，以下の①から③の点に留意しているか.

また，保険会社は，保険募集人が，募集関連行為を第三者に委託し，又はそれに準じる関係に基づいて行わせている場合には，保険募集人がその規模や業務特性に応じた適切な委託先管理等を行うよう指導しているか.

（注1）募集関連行為とは，例えば，保険商品の推奨・説明を行わず契約見込客の情報を保険会社又は保険募集人に提供するだけの行為や，比較サイト等の商品情報の提供を主たる目的としたサービスのうち保険会社又は保険募集人からの情報を転載するにとどまるものが考えられる.

（注2）ただし，例えば，以下の行為については，保険募集に該当し得ることに留意する必要がある.

ア. 業として特定の保険会社の商品（群）のみを見込み客に対して積極的に紹介して，保険会社又は保険募集人などから報酬を得る行為

イ. 比較サイト等の商品情報の提供を主たる目的としたサービス

を提供する者が，保険会社又は保険募集人などから報酬を得て，具体的な保険商品の推奨・説明を行う行為

（注3）例えば，以下の行為のみを行う場合には，上記の要件に照らして，基本的に保険募集・募集関連行為のいずれにも該当しないものと考えられる．

ア．保険会社又は保険募集人の指示を受けて行う商品案内チラシの単なる配布

イ．コールセンターのオペレーターが行う，事務的な連絡の受付や事務手続き等についての説明

ウ．金融商品説明会における，一般的な保険商品の仕組み，活用法等についての説明

エ．保険会社又は保険募集人の広告を掲載する行為

（注4）保険募集人が保険募集業務そのものを外部委託することは，法第275条第3項に規定する保険募集の再委託に該当するため，原則として許容されないことに留意する．

①　募集関連行為従事者において，保険募集行為又は特別利益の提供等の募集規制の潜脱につながる行為が行われていないか．

②　募集関連行為従事者が運営する比較サイト等の商品情報の提供を主たる目的としたサービスにおいて，誤った商品説明や特定商品の不適切な評価など，保険募集人が募集行為を行う際に顧客の正しい商品理解を妨げるおそれのある行為を行っていないか．

③　募集関連行為従事者において，個人情報の第三者への提供に係る顧客同意の取得などの手続が個人情報の保護に関する法律等に基づき，適切に行われているか．

また，募集関連行為従事者への支払手数料の設定について，慎重な対応を行っているか．

（注）例えば，保険募集人が，高額な紹介料やインセンティブ報酬を払っ

て募集関連行為従事者から見込み客の紹介を受ける場合，一般的にそのような報酬体系は募集関連行為従事者が本来行うことができない具体的な保険商品の推奨・説明を行う蓋然性を高めると考えられることに留意する．

保険代理店においては，募集関連行為を第三者に委託し，又はそれに準じる関係に基づいて行わせる場合には，当該募集関連行為を受託した第三者（これを“募集関連行為従事者”と呼ぶ.）が不適切な行為を行わないよう，上記の監督指針Ⅱ-4-2-1(2) の着眼点に従って，以下の点に留意して，募集関連行為従事者を管理・指導する必要がある．

① 募集関連行為従事者において，保険募集行為又は特別利益の提供等の募集規制の潜脱につながる行為が行われていないか．

② 募集関連行為従事者が運営する比較サイト等の商品情報の提供を主たる目的としたサービスにおいて，誤った商品説明や特定商品の不適切な評価など，保険募集人が募集行為を行う際に顧客の正しい商品理解を妨げるおそれのある行為を行っていないか．

③ 募集関連行為従事者において，個人情報の第三者への提供に係る顧客同意の取得などの手続が個人情報の保護に関する法律等に基づき，適切に行われているか．

(3) “公平・中立”との表示について

監督指針Ⅱ-4-2-9(4) は，以下のとおり規定している．

監督指針Ⅱ-4-2-9　保険募集人の体制整備義務（法第 294 条の 3 関係）

(4) 保険会社のために保険契約の締結の代理・媒介を行う立場を誤解させるような表示を行っていないか．

（注） 単に「公平・中立」との表示を行った場合には，「保険会社と顧客との間で中立である」と顧客が誤解するおそれがある点に留意する．

これは，規則第227条の12を踏まえたものと考えられる．乗合代理店が，「“公平・中立”の立場でお客様に商品を提案します」とだけ表示・説明するような場合，顧客は，保険会社のために募集を行う立場である保険代理店について，「保険会社と自分との間で中立である」と誤って認識するおそれがある．そこで，乗合代理店では，このような表示・説明は行ってはならない旨社内規則で規定し，各募集人に対して研修・指導等を行い，これを周知徹底する必要がある．そして，このような表示・説明がなされていないか，コンプライアンス点検や内部監査等を通じて検証することが必要である．

(4)　商号等の使用許諾について

監督指針Ⅱ-4-2-9(6) は，以下のとおり規定している．

監督指針Ⅱ-4-2-9　保険募集人の体制整備義務（法第294条の3関係）

(6)　保険募集人が他人（他の保険募集人を含む．）に対して商号等の使用を許諾している場合には，両者が異なる主体であることや，両者が取り扱う保険商品の品揃えが顧客に宣伝しているものと異なる場合における品揃えの相違点を説明するなど，当該他人が当該保険募集人と同一の事業を行うものと顧客が誤認することを防止するための適切な措置を講じているか．

これは，規則第227条の13を踏まえたものと考えられるが，保険代理店が，他の保険代理店に対して商号等（商標，商号その他の表示）の使用を許諾している場合には，顧客は，両代理店は同一法人で，同じ商品を取り扱っているものと誤認するおそれがある．そのため，他の保険代理店に対して自社の商号等の使用を許諾している保険代理店は，顧客に対して，両者が異なる主体であることや，（両者が取り扱う保険商品の品揃えが顧客に宣伝しているものと異なる場合）品揃えの相違点について説明するなどの対応をとる必要がある．

このような保険代理店では，各募集人が顧客に対して上記の説明を行う必要がある旨社内規則で規定し，これを研修・指導等により周知徹底する必要がある．また，当該他代理店においても同様の説明がなされるよう，当該他代理店でも社内規則に規定させ，研修・指導等により周知徹底させる必要がある．

そして，こうした説明が適切になされているかについて，コンプライアンス点検や内部監査等を通じて，当該他代理店も含めて，検証することが必要であり（当該他代理店における説明状況等を直接検証する方法のほか，当該他代理店が行ったコンプライアンス点検や内部監査等における検証内容等を確認・検証するといった方法も考えられる．），当該他代理店において適切な説明等がなされない場合には，是正指導を行う，また，当該商号等の使用の許諾を終了するといった措置を講じることが考えられる．

(5)　保険募集人指導事業について

監督指針Ⅱ-4-2-9(7) は，以下のとおり，保険募集人指導事業に係る監督上の着眼項目を定めている．

監督指針Ⅱ-4-2-9　保険募集人の体制整備義務（法第 294 条の 3 関係）

(7)　保険募集人指導事業を行う保険募集人においては，以下のような点に留意しつつ，保険募集の業務の指導に関する基本となるべき事項を定めた実施方針を策定し，保険募集人指導事業の的確な遂行を確保するための措置を講じているか．

（注）　保険募集人における保険募集の業務のあり方を規定しないコンサルティング等の業務については，保険募集人指導事業に該当しない点に留意する．

①　指導対象保険募集人における保険募集の業務について，適切に教育・管理・指導を行う態勢を構築し，必要に応じて改善等を求めるなど，規則第 227 条の 15 第 1 項に規定する措置を講じているか．

（注 1）　保険募集人指導事業を行う場合，例えば，一定の知識・経験を有する者を配置するなど，教育・管理・指導を行う態勢を構築しているか．

（注 2）　保険募集人指導事業を行う保険募集人が指導対象保険募集人

を指導することにより，保険会社による指導対象保険募集人の教育・管理・指導［II-4-2-1(4) 参照］の責任が免除されるものではない．

したがって，保険会社においては，自らが指導対象保険募集人に対して行う教育・管理・指導とあいまって適切な保険募集を行わせる態勢を構築する必要があることに留意する．

② 指導対象保険募集人の指導の実施方針において，規則第227条の15第2項に規定する事項が記載されているか．

規則227条の15及び上記監督指針を踏まえると，フランチャイザー代理店は，次のような措置を講じる必要がある．なお，フランチャイザー代理店は，例えば，一定の知識・経験を有する者を配置するなど，教育・管理・指導を行う態勢を構築する必要がある．

(a) 保険募集の業務の指導に関する基本となるべき事項を定めた実施方針の策定等（“PDCAサイクル”の“P”）

フランチャイザー代理店は，保険募集の業務の指導に関する基本となるべき事項を定めた実施方針を策定する必要があり，この実施方針には，“保険募集の業務の指導に関する事項”及び“指導対象保険募集人（※フランチャイジー代理店）が行う保険募集の業務の方法及び条件に関する事項”を盛り込む必要がある．また，この実施方針に基づくフランチャイズ事業の的確な遂行を確保するための規程等（実施方針の内容をより具体化したマニュアル等の手順書，細則等）を策定することも必要である．

(b) フランチャイジー代理店における保険募集の業務にかかる教育・管理・指導（“D”）

フランチャイザー代理店は，定期的又は随時に，フランチャイジー代理店に対して，上記実施方針等の周知徹底を含め，保険募集業務に関する教育・管理・指導（研修等）を実施する必要がある．

(c)　フランチャイジー代理店における保険募集の業務の実施状況の確認・検証，当該確認・検証に基づく改善の実施（“C”“A”）

フランチャイザー代理店は，フランチャイジー代理店に対して監査等を実施して，同代理店における保険募集の業務の実施状況を確認・検証し，問題があれば，改善を図らせることが必要である．

(d)　商号等の使用を許諾している場合

保険募集人指導事業においては，通常，フランチャイザー代理店は，フランチャイジー代理店に対して，商号の使用等を許諾して，同じブランド名等で募集を行うことから，監督指針Ⅱ-4-2-9(6) にも留意する必要がある．また，フランチャイジーにおいて取り扱う保険商品の品揃えが，フランチャイザーが顧客に宣伝しているものと異なる場合には，顧客に対して，品揃えの相違点を説明することが必要となる．

2　保険募集管理態勢の検証項目

(1)　P・D のチェック項目

保険募集管理態勢におけるＰ及びＤに関するチェック項目として，概要，(a) 内部規程の策定，(b) 保険募集管理部門の営業部門からの独立性の確保とけん制機能の発揮，(c) 内部規程の周知徹底，(d) 保険募集コンプライアンス・マニュアルの策定と周知，(e) 保険募集コンプライアンス・プログラムの策定と周知，(f) 保険募集管理部門による募集コンプライアンス関連情報の収集，管理，分析及び検討，募集コンプライアンスの状況のモニタリング，法令等違反行為への対応，保険募集資料の表示の管理等を挙げた．

内部規程では，意向把握のプロセスについても定める必要がある．なお，第一分野・第三分野の保険商品を提案する際には，最終的な顧客の意向が確定した段階において，その意向と当初把握した主な顧客の意向とを比較する必要があるところ（**6.1.6** 参照），どの時点の意向を当初意向として捉えるのかを明確化する必要がある．

また，乗合代理店が比較・推奨を行う場合，比較・推奨のプロセスについても社内規程で定める必要がある．保険代理店が，顧客の意向に沿って商品を選別し，商品を推奨する方針を取る場合，特定の商品を提示・推奨する基準，理由などは，当該保険代理店が定めるものであり，所属募集人ごと各々の事情に応じた基準・理由などによる提示・推奨は認められない[*4]．保険代理店独自の基準で推奨保険会社・推奨保険商品を定めている場合，顧客がそれら以外の保険会社・保険商品の提案を求めてきた場合の対応を決めておく必要がある（推奨保険会社・推奨保険商品以外の保険会社・保険商品の中で，顧客の意向を踏まえて，どの保険商品を提案するかを保険代理店として決めておくなど[*5]）．

さらに，変額保険，変額年金保険，外貨建て保険などの投資性商品（特定保険契約）を取り扱う場合は，特定保険契約の特性等に応じ，あらかじめ，どのような考慮要素や手続をもって特定保険契約の勧誘を行うかの方法を定める必要がある［監督指針Ⅱ-4-4-1-3(3)②］．

内部規程については，表2.1のとおり“保険会社の管理・指導の範囲内の業務”については，当該保険会社のマニュアルを自らの社内規則と位置付けることも可能であると考えるが（ただし，自社の実態に合わせて，必要に応じて，修正等を要する場合がある．），保険代理店が“独自業務”（複数保険会社商品の比較説明・推奨販売をする場合やフランチャイズ代理店による保険募集人指導事業等の所属保険会社のマニュアルにない業務）を行う場合には，自ら当該業務の社内規則を策定する必要がある．

また，(d) の保険募集コンプライアンス・マニュアルはコンプライアンス・マニュアル等に一体化されている場合もあり，(e) の保険募集コンプライアンス・プログラムは，コンプライアンス・プログラムなどに一体化されている場合もある．

[*4] 例えば，各取扱保険商品のスペック等を分析して，商品選定のフローチャートを設けたり，商品検索システムを活用する等の取組みを行うことが考えられる．

[*5] 推奨保険会社・推奨保険商品以外の保険会社・保険商品の中で，顧客の意向を踏まえて，商品を選定する場合にも，所属募集人ごと各々の事情に応じた基準，理由などによる提示・推奨とならないように，商品選定のフローチャートを設けたり，商品検索システムを活用したりする等の取組みを行うことが考えられる．

(2)　C・A のチェック項目

保険募集管理態勢における C 及び A に関するチェック項目として，概要，(a) 保険募集管理の徹底の実効性の検証と態勢の見直しと，(b) 内部監査等における C 及び A の検証を挙げた.

保険募集管理の徹底の実効性の観点から，PDCA サイクルを不断に回し続けることが重要である.

2.4　顧客保護等管理態勢

2.4.1　保険契約管理態勢

JSA-S1003

5.4　顧客保護等管理態勢

5.4.1　保険契約管理態勢

保険契約管理態勢における P（Plan）及び D（Do）は，次による.

a)　次のような項目について規定した保険契約管理規程（保険契約管理に関する取決めを定めた内部規程）を策定する.

— 保険契約管理部門・責任者の役割・責任及び組織に関する取決め

— 保険契約管理の状況のモニタリングに関する取決め及び報告・承認プロセス

— 保険契約管理の処理の記録の作成及び保管に関する手続

— 保険契約管理部門と，コンプライアンス部門，保険募集管理部門及び顧客サポート等管理部門等との連携・情報伝達に関する取決め

— 保険契約の成立，保険料の収入処理，契約内容の変更処理，解約，失効管理，復活，満期更改などの保険契約管理に係る事務の処理に関する手続

— 保険契約管理の手続において，顧客に行う必要がある通知・連絡・案内・説明などの対象事項の特定並びにそれらについての方法及び内容

— 保険契約管理における相談・苦情等への対応，回答などの方法及び内容

— 法令又は顧客保護等の観点での禁止行為等

b)　保険契約管理部門について，営業部門に対するけん制機能が働く態勢を

整備することが望ましい．

c） 保険契約管理規程について，役職員に対する研修・指導を行い，同規程を周知徹底する．

d） 保険契約管理部門は，適切な保険契約管理等の実施の観点から，保険契約管理に係る具体的施策の実施，連絡・連携の実施，保険契約管理に関するモニタリングの実施などを行う．

保険契約管理態勢におけるC（Check）及びA（Act）は，次による．

a） コンプライアンス点検及び内部監査等を通じて，保険契約管理の徹底の実効性を検証し，適時に，各種規程，組織体制，研修・指導の実施，モニタリングの方法などの見直しを行い，必要に応じて改善する．

b） 保険契約管理態勢におけるC（Check）及びA（Act）が適切に実施されているかについては，内部監査等において検証する．

【解　説】

1　保険契約管理態勢の検証項目

(1)　P・Dのチェック項目

保険契約管理態勢におけるP及びDに関するチェック項目として，概要，(a) 内部規程の策定，(b) 保険募集管理部門の営業部門からの独立性の確保とけん制機能の発揮，(c) 内部規程の周知徹底，(d) 保険契約管理部門による施策の実施，連絡・連携，モニタリングを挙げた．保険契約管理業務の詳細については，**6.2** 及び **6.4** を参照されたい．

なお，“保険契約管理”は，“契約締結後のフォローアップ”を含むところ（本規格 **2.27** 参照），例えば，自社が募集した特定保険契約の契約内容に係るフォローアップに関して，自社の販売する商品の特性や顧客の特性を踏まえて，“実施頻度”，“実施方法”，“対象顧客”，“説明内容”といった項目を社内規程・マニュアル等に明記することが考えられる（生保協会「市場リスクを有する生命保険の募集等に関するガイドライン」参照）．

(2)　C・Aのチェック項目

保険契約管理態勢におけるC及びAに関するチェック項目として，概要，(a) 保険契約管理の徹底の実効性の検証と態勢の見直しと，(b) 内部監査等におけるC及びAの検証を挙げた．保険契約管理の実効性の観点から，PDCAサイクルを不断に回し続けることが重要である．

2.4.2　顧客サポート管理態勢

JSA-S1003

5.4.2　顧客サポート等管理態勢

顧客サポート等管理態勢におけるP（Plan）及びD（Do）は，次による．

a)　次のような項目について規定した顧客サポート等管理規程（顧客サポート等管理に関する取決めを定めた内部規程）を策定する．

— 顧客サポート等管理部門・責任者の役割・責任及び組織に関する取決め
— 相談・苦情等の定義[10)]
— 顧客サポート等の状況のモニタリングに関する取決め及び報告・承認プロセス
— 反社会的勢力による相談・苦情等を装った不当要求などへの対応に関する取決め
— 相談・苦情等の記録の作成及び保管に関する手続
— 相談・苦情等の受付，内容の確認，報告（関連部門・保険会社への報告）に関する手続，相談・苦情等への対処の手続
— 金融ADR制度による苦情処理・紛争解決に関する取決め
— 顧客サポート等管理部門とコンプライアンス部門及び保険募集管理部門との連携・情報伝達に関する取決め

b)　顧客サポート等管理部門について，営業部門に対するけん制機能が働く態勢を整備することが望ましい．

c)　顧客サポート等管理規程について，役職員に対する研修・指導を行い，同規程を周知徹底する．

d) 顧客サポート等管理部門は，適切な顧客サポート等の実施の観点から，相談窓口の充実，適時適切な相談・苦情等への対応，相談・苦情等の記録，保存及び報告，相談・苦情等の原因分析及び改善の実施，モニタリングの実施，必要に応じた取締役（取締役会設置会社の場合は，取締役会）への報告などを行う．

注[10)] 一般に，“苦情”とは，“会社の事業活動に対する顧客からの不満足の表明であり，顧客への対応（説明・回答）が必要となるもの”，“意見・要望”とは，“顧客の声のうち，会社の事業活動に対して改善を求めるものであり，顧客への対応（説明・回答）までは必要ないもの”，“その他の声”とは，“苦情”及び“意見・要望”以外の顧客の声（例えば，問合せ，相談，お礼，感謝，お褒めの言葉など）である．

顧客サポート等管理態勢におけるC（Check）及びA（Act）は，次による．

a) コンプライアンス点検及び内部監査等を通じて，顧客サポート等管理の徹底の実効性を検証し，適時に，各種規程，組織体制，研修・指導の実施，モニタリングの方法などの見直しを行い，必要に応じて改善する．

b) 顧客サポート等管理態勢におけるC（Check）及びA（Act）が適切に実施されているかについては，内部監査等において検証する．

顧客サポート等管理態勢は，次の2点から重要である．

a) 顧客に対する説明責任を事後的に補完するものである（これによって，顧客の理解及び納得を得る．）．

b) 相談・苦情等を“PDCAサイクル”のC（Check）及びA（Act）（評価・改善活動）に活用する（相談・苦情等を態勢改善のための材料とする．）．

上記2点を達成するため，次の対応をとる必要がある．

— **経営陣を含む全社的な取組み**　顧客サポート等管理を実質的に機能させるためには，顧客サポート等管理が，相談・苦情等受付窓口，担当者などだけの問題ではなく，経営陣を含む全社的な態勢整備が必要な問題として捉える.

— **迅速な対処及び進捗管理（長期未済案件の発生防止）**　顧客に対する説明責任を事後的に補完する（顧客の理解及び納得を得る）ために，顧客からの相談・苦情等への迅速な対処及び進捗管理（長期未済案件の発生防止）を行う.

— **相談・苦情等の集約・分析**　顧客からの相談・苦情等を態勢改善のための材料として活用するために，その前提として，相談・苦情等の集約・分析を行う．顧客サポート等管理部門は，相談・苦情等を集約して，その発生原因を分析し，定期的又は随時に，その内容を経営陣に報告し，経営陣の指示の下，態勢の改善にい（活）かす.

— **関係部門への迅速な報告**　迅速な対処，進捗管理（長期未済案件の発生防止）及び相談・苦情等の集約・分析を機能させる前提として，受け付けた顧客からの相談・苦情等を，関係部門・責任者等に迅速に報告する.

【解　説】

1　顧客サポート等管理について

保険代理店において，顧客からの相談，苦情等（苦情，意見・要望，その他の声をいう．紛争となっているケースも含む.）に迅速かつ適切に対処し，顧客の理解を得ることは，顧客に対する説明責任を事後的に補完する意味合いをもつ重要な活動の一つである.

顧客サポート等とは，苦情への対応のみならず，意見・要望その他の声を含む概念である．現場において“苦情”の概念を狭く捉えてしまい本部に報告されるべき情報が伝わらない例や，“苦情”に当たらないものの経営改善のために有用な情報が活かされていない例等が存在することから，苦情に限らず，顧客からの声を広く経営に活かすことができているかが検証項目とされている.

監督指針Ⅱ-4-3-2-2 でも，保険会社における態勢に関するものではあるが，苦情等対処に関する内部管理態勢の確立に関する着眼項目として，経営陣の役割，社内規則等，苦情等対処の実施態勢，顧客への対応，情報共有・業務改善等，外部機関等との関係に関する項目が設けられており，保険代理店における態勢整備の参考となる．

2　顧客サポート等管理の検証項目

(1)　P・Dのチェック項目

顧客サポート等管理態勢におけるP及びDに関するチェック項目として，概要，(a) 内部規程の策定，(b) 顧客サポート等管理部門の営業部門へのけん制機能の発揮，(c) 内部規程の周知徹底，(d) 相談窓口の充実，相談・苦情等への対応，記録，保存及び報告，原因分析及び改善の実施，モニタリングの実施，取締役（取締役会）への報告等を挙げた．

(a) 内部規程においては，相談・苦情等の定義を定めることを求めている．相談・苦情等の定義は各事業者が自身で定めるべきものであるが，一般に，“苦情”とは，“会社の事業活動に対する顧客からの不満足の表明であり，顧客への対応（説明・回答）が必要となるもの”，“意見・要望”とは，“顧客の声のうち，会社の事業活動に対して改善を求めるものであり，顧客への対応（説明・回答）までは必要ないもの”，“その他の声”とは，“苦情”及び“意見・要望”以外の顧客の声（例えば，問合せ，相談，お礼，感謝，お褒めの言葉など)”であると考えられる．

(2)　C・Aのチェック項目

顧客サポート等管理態勢におけるC及びAに関するチェック項目として，概要，(a) 顧客サポート等管理の徹底の実効性の検証と態勢の見直し，(b) 内部監査等におけるC及びAの検証を挙げた．顧客サポート等管理の実効性の観点から，PDCAサイクルを不断に回し続けることが重要である．

(3)　顧客サポート等管理のための対応

顧客サポート等管理態勢は，顧客に対する説明責任を事後的に補完するものであり，相談・苦情等をPDCAサイクルのC及びA（評価・改善活動）に活用し，態勢改善のための材料とする意味で極めて重要である．これらの目的を達成するための対応として，経営陣を含む全社的な取組み，迅速な対処及び進捗管理（長期未済案件の発生防止），相談・苦情等の集約・分析，関係部門への迅速な報告に関するチェック項目を設けた．

そして，相談・苦情等への対応は，発生した都度，個別に顧客対応を行うことにとどまってはならず，それらを集約・分析することが必要である．例えば，一定期間（四半期や半期など）の相談・苦情等を集約し，その発生原因を分析し，分析結果に基づいて経営陣が取締役会等において議論し，態勢の改善に結び付ける等の取組みが求められる．

2.4.3　顧客情報管理態勢

JSA-S1003

5.4.3　顧客情報管理態勢

顧客情報管理態勢におけるP（Plan）及びD（Do）は，次による．

a)　次のような項目について規定した顧客情報管理規程（顧客情報管理に関する取決めを定めた内部規程）を策定する．

次の各項目のほか，個人情報保護法，金融分野における個人情報保護に関するガイドライン及び金融分野における個人情報保護に関するガイドラインの安全管理措置等についての実務指針に基づき規定する必要がある項目は，全て規定する．

— 顧客情報管理部門・責任者の役割・責任及び組織に関する取決め
— 顧客情報管理の状況のモニタリングに関する取決め及び報告・承認プロセス
— 管理の対象となる帳票，電子媒体など
— 管理の対象となる帳票，電子媒体などに関し，収納する場所，廃棄方法などを適切に管理するための方法
— アクセスできる役職者の範囲及びアクセス権の管理方法
— 顧客情報を外部に持ち出す場合の顧客情報の漏えいなどを防止するた

めの取扱い方法

— 漏えい事故などが発生した場合の対応方法

b) 顧客情報管理部門について，営業部門に対するけん制機能が働く態勢を整備することが望ましい.

c) 顧客情報管理規程について，募集人に対する研修・指導を行い，同規程を周知徹底する.

d) 顧客情報管理部門は，顧客情報管理に係る態勢整備，関係業務部門及び営業拠点への指導・監督，システム対応，顧客情報漏えい時の事後対応，各部門の顧客情報管理状況などのモニタリング，外部委託先の顧客情報管理状況のモニタリングなどを適切に行う.

顧客情報管理態勢における C（Check）及び A（Act）は，次による.

a) コンプライアンス点検及び内部監査等を通じて，顧客情報管理の徹底の実効性を検証し，適時に，各種規程，組織体制，研修・指導の実施，モニタリングの方法などの見直しを行い，必要に応じて改善する.

b) 顧客情報管理態勢における C（Check）及び A（Act）が適切に実施されているかについては，内部監査等において検証する.

顧客情報管理態勢における対応では，次の点に留意する.

a) **アクセス制限**　顧客情報の漏えいなどの発生防止のための対応として，顧客情報にアクセスできる権限を付与する役職員は最小限にする．また，役職員に付与するアクセス権限も必要最小限に限定する.

b) **アクセス権の管理**　アクセス権限を付与された本人以外が当該権限を使用することを防止するため，例えば次のような方法でアクセス権を適切に管理する.

— アクセス権が付与された本人と実際の利用者との突合を行う.

— ID・パスワードの変更を定期的に行う（月に1回など).

— ログを取り，同じ ID・パスワードで複数のパソコンから操作がされていないか，また，ID・パスワードを付与した職員以外のパソコンから操作がされていないかを確認する．

c)　**外部からの不正アクセスの防御**　外部からの不正アクセスの防御の措置として，例えば，アクセス可能な通信経路の限定，外部ネットワークからの不正侵入防止機能の整備，不正アクセスの監視機能の整備，ネットワークによるアクセス制御機能の整備などの対応を取る．

d)　**顧客情報の取扱いの外部委託の管理**　顧客情報の取扱いを外部に委託する場合，顧客情報の外部委託に関する社内規程の策定[11]，顧客情報の取扱いの外部委託に係る管理部門・責任者の設置，外部委託先の業務の実施状況のモニタリング，適切な内容の委託契約書の作成及び再委託先の管理を行う．

e)　**顧客情報の持出しの管理**　顧客情報を外部に持ち出す場合，顧客情報の漏えいなどを防止するために，例えば次のような措置を講じる．

— 情報媒体［紙媒体（見積書，申込書など），USB，CD-ROM，ノートパソコンなど］を持ち出す際には，持出しの記録を付ける（持出管理簿への記録）．

— USB，CD-ROM などの媒体[12]を持ち出す場合には，当該媒体を暗号化する．

— 外部に E メールを送信する際には，上司などを CC（BCC）に入れる．

注 11)　顧客情報管理規程などの中に盛り込むことで対応することも考えられる．

12)　USB，CD-ROM などの大容量記録媒体については，そもそも外部への持出しを禁止することも考えられる．

【解　説】

1　顧客情報管理について

保険代理店は，規則 227 条の 9 及び 10 において，個人顧客情報の安全管理措置等の実施及び特別の非公開情報の取扱いに関する措置を講じることが求められている．

（個人顧客情報の安全管理措置等）

第227条の9　保険募集人又は保険仲立人は，その取り扱う個人である顧客に関する情報の安全管理，従業者の監督及び当該情報の取扱いを委託する場合にはその委託先の監督について，当該情報の漏えい，滅失又は毀損の防止を図るために必要かつ適切な措置を講じなければならない．

（特別の非公開情報の取扱い）

第227条の10　保険募集人又は保険仲立人は，その業務上取り扱う個人である顧客に関する人種，信条，門地，本籍地，保健医療又は犯罪経歴についての情報その他の特別の非公開情報（その業務上知り得た公表されていない情報をいう．）を，当該業務の適切な運営の確保その他必要と認められる目的以外の目的のために利用しないことを確保するための措置を講じなければならない．

また，監督指針Ⅱ-4-2-9(2)，Ⅱ-4-5においても，“顧客等に関する情報管理態勢”の整備が求められている．

さらに，個人情報の管理については，個人情報の保護に関する法律，個人情報の保護に関する法律についてのガイドライン，金融分野における個人情報保護に関するガイドライン（以下，金融分野GLという．），金融分野における個人情報保護に関するガイドラインの安全管理措置等についての実務指針（以下，実務指針という．）等に基づき，適切な管理が求められる．

ただし，本チェック項目における顧客情報管理の対象は，個人情報に限らず法人顧客等の情報も含まれる．

2　顧客情報管理の検証項目

(1)　P・Dのチェック項目

顧客情報管理態勢におけるP及びDに関するチェック項目として，概要，(a) 内部規程の策定，(b) 顧客情報管理部門の営業部門へのけん制機能の発揮，

(c) 内部規程の周知徹底，(d) 顧客情報管理に係る態勢整備，関係業務部門及び営業拠点への指導・監督，システム対応，顧客情報漏えい時の事後対応，各部門の顧客情報管理状況などのモニタリング，外部委託先の顧客情報管理状況のモニタリングを挙げた．

(2)　C・Aのチェック項目

顧客情報管理態勢におけるC及びAに関するチェック項目として，概要，(a) 顧客情報管理の徹底の実効性の検証と態勢の見直しと，(b) 内部監査等におけるC及びAの検証を挙げた．顧客サポート等管理の実効性の観点から，PDCAサイクルを不断に回し続けることが重要である．

3　顧客情報管理の留意点

顧客情報管理の実務対応において留意すべき事項は様々であるが[*6]，特に問題事象として指摘されることの多い，“アクセス制限”，“アクセス権の管理”，“外部からの不正アクセスの制御”，“顧客情報の取扱いの外部委託の管理”，“顧客情報の持出しの管理”についてのチェック項目を設けた．

(1)　アクセス制限，アクセス権の管理

顧客情報の漏えい等の発生防止のための基本的な対応として，アクセス権の制限，すなわち，必要な範囲の情報を必要な範囲の者にしか与えないこと（“Need-to-know”の原則）が重要である．顧客情報にアクセスできる権限を付与する役職員は最小限にする必要があり，また，役職員に付与するアクセス権限も必要最小限に限定する必要がある．例えば，職員Xは，業務上，顧客情報Aにアクセスする必要があるが，職員Yは，業務上，顧客情報Aにアクセスする必要がない場合に，職員Yに顧客情報Aにアクセスできる権限が与えられている場合（ID，パスワードの付与など），それ自体アクセス制限が不十分であるとして問題となる（職員Yが実際に顧客情報Aを閲覧等していれば，

---

*6　テレワークやオンライン募集等を行う場合には，それに応じた情報セキュリティ管理を行う必要がある．

問題事象としてはより重いが，職員Yが実際に顧客情報Aを閲覧等していなくても，その情報を閲覧等できる状況となっている時点で，問題とされる．)[*7].

特に，保険代理店業務以外の業務を兼営している兼業代理店は，兼業分野専担の職員が，当該兼業業務上閲覧等の必要のない保険代理店業務における顧客情報にアクセスできる状況となっていないかを検証し，アクセスできる状況になっている場合は，これを制限する（遮断する）必要がある．

アクセス権の管理方法の例として，

・アクセス権が付与された本人と実際の利用者との突合を行う

・ID・パスワードの変更を定期的に行う（月に1回など）

・ログを取り，同じID・パスワードで複数のパソコンから操作がされていないか，また，ID・パスワードを付与した職員以外のパソコンから操作がされていないかを確認する

等の対応を挙げた．なお，共用のユーザーID・パスワードは，利用者の特定が困難で，いったん情報漏えい等が生じた場合に，実行犯の特定が困難になるため，使用するべきではない．

(2)　外部からの不正アクセスの防御

外部からの不正アクセスの防御の措置の例として，実務指針4-2-1を踏まえ，アクセス可能な通信経路の限定，外部ネットワークからの不正侵入防止機能の整備，不正アクセスの監視機能の整備及びネットワークによるアクセス制御機能の整備を挙げた．

(3)　顧客情報の取扱いの外部委託の管理

保険代理店は，例えば，顧客情報の入力・編集等の処理を外部業者に依頼す

---

*7　過去の金融検査事例でも，「個人データへのアクセスについて，業務の必要性に応じてアクセスレベルをコントロールする体制を整備しておらず，当該システムの個人データへのアクセスが可能なカードを，業務に必要のない者も含めて全職員に配布している」こと［金融検査結果事例集（平成24検査事務年度後期版），p. 72］，また，「営業店において，サーバーへのアクセス制限が設定されておらず，全職員が顧客データを閲覧可能な状況となっている」こと［金融検査結果事例集（平成22検査事務年度前期版），p. 53］が指摘されており，業務上必要のない者が当該情報にアクセスできる状況となっていること自体を問題としている．

る場合，顧客情報を含む書類の廃棄を外部業者に依頼する場合，DM の配送のために，顧客リスト（住所，氏名等）を配送業者に渡す場合等，顧客情報の取扱いを外部に委託することがある．このような顧客情報の取扱いの外部委託に関するチェック項目を挙げた．

(a)　社内規程の策定，周知徹底

保険代理店が顧客情報の取扱いを第三者に委託する場合，以下のような内容を盛り込んだ社内規程を策定し（顧客情報管理規程等の中に盛り込むことで対応してもよい．），研修等により，それを役職員に周知徹底する必要がある．

＜社内規程の項目例＞

・顧客情報の取扱いの外部委託に係る管理部署・責任者の役割・責任及び組織に関する取決め

・外部委託先の選定に関する取決め（選定基準）[*8]

※　外部委託先選定の際の判断項目としては，次のようなものが考えられる．

経営状態，関連企業，役員，取引先，信用度，要員数，技術力，作業実績，設備，処理能力，安全対策の状況，情報管理の状況（情報管理規程の整備の状況，情報管理の責任部署の整備の状況等[*9]），

[*8] 委託先の選定に当たっては，委託先の社内体制・規程等を確認し，必要に応じて，顧客情報を取り扱う場所に赴くなどの実地検査等を行うことが望ましい（金融分野 GL 10 条 3 項①）．また，保険代理店は，外部委託先を選定する際の検討・判断経緯（選定基準に即して，いかなる検討・判断を行ったのか）について，記録化しておくことが必要であると考える．

[*9] 実務指針 5-1 から 5-1-2 によると，委託先の選定基準として，次の事項を定める必要がある．

①委託先における個人データの安全管理に係る基本方針・取扱規程等の整備（委託先における個人データの安全管理に係る基本方針の整備，委託先における個人データの安全管理に係る取扱規程の整備，委託先における個人データの取扱状況の点検及び監査に係る規程の整備，委託先における外部委託に係る規程の整備），②委託先における個人データの安全管理に係る実施体制の整備（組織的安全管理措置，人的安全管理措置，技術的安全管理措置，委託先から再委託する場合の再委託先の個人データの安全管理に係る実施体制の整備），③実績等に基づく委託先の個人データ安全管理上の信用度，④委託先の経営の健全性

費用等

・外部委託先の業務運営状況に対するモニタリング，改善指導に関する取決め

※　外部委託先との間の委託契約において，監査，報告徴求，改善措置等に関する条項を規定することが考えられる．

・顧客情報の取扱いに関する取決め

※　外部委託先との間の委託契約において，顧客情報の漏えい・盗用・改ざん及び目的外使用の禁止，再委託の条件，外部委託先との契約を終了する（解除等）場合の顧客情報の取扱い，漏えい事案等が発生した場合の外部委託先の責任等について，規定することが考えられる．

(b)　組織体制の整備

保険代理店は，顧客情報の取扱いの外部委託に係る管理部署・責任者を設置し（顧客情報管理部署・責任者がこれを担ってもよい．），その役割・責任・権限等について，社内規程に定める必要がある（上記“社内規程の項目例”参照）．

(c)　外部委託先における業務の実施状況のモニタリング

保険代理店は，外部委託先に対して，定期的[*10]又は必要に応じて，業務状況の報告徴求を行い（外部委託先から業務報告書を提出させる，外部委託先に対して業務状況のヒアリングを行い，その内容を記録化するなど），また，適宜，外部委託先の事務所等への立入監査を行い，その監査結果を記録化しておくことが考えられる．

---

*10　取扱いを委託している情報の量及び質にもよるが，半期に一度又は1年に一度といった頻度で報告徴求等を行うことが考えられる．また，例えば，漏えい等をした場合に，経済的損失の大きい情報（クレジットカード情報，口座番号・パスワード等）や精神的苦痛の大きい情報（介護状況，病歴・手術歴，妊娠歴，職歴・学歴，保険・共済加入状況等）の取扱いを外部委託する場合には，他の情報と比べて，報告徴求等の頻度を上げることも考えられる．

(d)　顧客情報の取扱いを外部委託する際の委託契約書の作成

顧客情報の取扱いを外部委託する場合には，委託契約書を作成することが必要である．この契約書に盛り込むべき内容としては，次の事項が考えられる(実務指針 5-3 参照)．

＜契約書の項目例＞

○委託元及び委託先の責任の明確化

・委託先において，顧客情報を取り扱う者（委託先で作業する委託先の従業者以外の者を含む）の氏名又は役職等

○顧客情報の安全管理に関する事項

・顧客情報の漏えい防止，盗用禁止に関する事項

・委託契約範囲外の加工，目的外利用の禁止

・委託契約範囲外の複写，複製の禁止

・委託契約期間

・委託契約終了後の顧客情報の返還・消去・廃棄に関する事項

○再委託に関する事項

・再委託を行うに当たっての委託元への文書による事前報告又は承認

○顧客情報の取扱状況に関する委託元への報告の内容及び頻度（委託元から委託先への報告徴求）

○契約内容が遵守されていることの確認（情報セキュリティ監査など）

○契約内容が遵守されなかった場合の改善措置，委託先の責任（安全管理に関する事項が遵守されずに顧客情報が漏えいした場合の損害賠償に関する事項も含まれる）

○セキュリティ事件・事故（漏えい事案等）が発生した場合の報告・連絡に関する事項

(e)　再委託先の管理

委託先が再委託をした際に，再委託先が適切とはいえない顧客情報の取扱いを行ったことにより何らかの問題が生じたとき，委託元がその責任を問われることがあり得る．したがって，委託先が再委託を行おうとする場合，委託元である保険代理店は，再委託の相手方，再委託する業務内容及び再委託先の顧客情報の取扱方法等について，委託先に事前報告又は承認手続を求めることが必要である．

また，委託元である保険代理店は，直接又は委託先を通じて，定期的に監査を実施すること等により，委託先が再委託先に対して監督を適切に果たすことが重要である（金融分野 GL 10 条 3 項②）．

(4)　顧客情報の持出しの管理

保険代理店は，顧客情報を外部に持ち出す場合には，顧客情報の漏えい等を防止するために，次のような措置を講じる必要がある（実務指針 6-2-1-1）．

① 個人データの管理区域外への持出しに関する取扱者の役割・責任

② 個人データの管理区域外への持出しに関する取扱者の必要最小限の限定

③ 個人データの管理区域外への持出しの対象となる個人データの必要最小限の限定

④ 個人データの管理区域外への持出し時の照合及び確認手続

⑤ 個人データの管理区域外への持出しに関する申請及び承認手続

⑥ 機器・記録媒体等の管理手続

⑦ 個人データの管理区域外への持出し状況の記録及び分析

本規格では，上記の措置を踏まえ，実務的によく取られる顧客情報の外部持出しの場合の管理方法として，以下の例を挙げた．

- 情報媒体［紙媒体（見積書，申込書等），USB，CD-ROM，ノートパソコン等］を持ち出す際には，持出しの記録を付ける（持出管理簿への記録）．
- USB，CD-ROM 等の媒体を持ち出す場合には，当該媒体を暗号化する．（※ USB，CD-ROM 等の大容量記録媒体については，そもそも外部への持出しを禁止することも考えられる．）

・外部にEメールを送信する際には，必ず上司等をCC又はBCCに入れる．

なお，通常，保険代理店は，顧客情報を持ち出す際に持出管理簿に記録するとのルールを設けているが，このルールが実践されていないケースが散見される（その理由としては，外出の際にいちいち記録を付けるのは面倒であるというものがほとんどであろう．）．持出管理簿に記録をせずに複数の顧客情報を持ち出し，外出中にこれを紛失した場合，記録を付けていなかったために，どの顧客のどの情報を紛失したかがわからないという状況が発生し得る．これでは適切な顧客対応はできず，重大な問題となりかねない．

2.4.4　外部委託管理態勢

JSA-S1003

5.4.4　外部委託管理態勢

外部委託管理態勢におけるP（Plan）及びD（Do）は，次による．

a) 次のような項目について規定した外部委託管理規程（外部委託管理に関する取決めを定めた内部規程）を策定する．

— 外部委託管理部門・責任者の役割・責任及び組織に関する取決め

— 外部委託先の選定に関する取決め

顧客情報を社外のクラウドサービスなどを用いて管理する場合，及び顧客情報の管理を外部に委託する場合の利用するサービス又はシステムの選定について，“金融機関等コンピュータシステムの安全対策基準”（公益財団法人金融情報システムセンター）に適合していることを選定基準として設けていることが望ましい．

— 外部委託先の業務運営状況に対するモニタリング及び改善指導に関する取決め

— （顧客情報の取扱いを委託する場合には）顧客情報の取扱いに関する取決め

— 外部委託先が行う業務に関する顧客からの相談・苦情等を適切かつ迅速に処理するための取決め

b) 外部委託管理部門について，営業部門に対するけん制機能が働く態勢を整備することが望ましい.

c) 外部委託管理規程について，募集人に対する研修・指導を行い，同規程を周知徹底する.

d) 外部委託管理部門は，委託業務の的確な遂行を確保するための措置（委託契約において外部委託先に対して態勢整備を求めることを含む.），適切な外部委託先の選定，適切な内容の委託契約の締結，外部委託先に対するモニタリングの実施，外部委託先の業務に関する相談・苦情等の処理態勢の整備，外部委託先の業務のバックアップ態勢の整備，顧客保護の観点から必要な場合の委託契約の変更・解除の措置，外部委託先における顧客情報保護措置などを適切に行う.

外部委託管理態勢におけるC（Check）及びA（Act）は，次による.

a) コンプライアンス点検及び内部監査等を通じて，外部委託管理の徹底の実効性を検証し，適時に，各種規程，組織体制，研修・指導の実施，モニタリングの方法などの見直しを行い，必要に応じて改善する.

b) 外部委託管理態勢におけるC（Check）及びA（Act）が適切に実施されているかについては，内部監査等において検証する.

【解　説】

1　外部委託管理について

保険代理店は，規則227条の11において，委託業務の的確な遂行を確保するための措置を講じることが求められている.

（委託業務の的確な遂行を確保するための措置）

第227条の11　保険募集人又は保険仲立人は，保険募集の業務を第三者に委託する場合には，当該委託した業務の実施状況を定期的に又は必要に応じて確認し，必要に応じて改善を求めるなど，当該業務が的確に実施されるために必要な措置を講じなければならない.

2　外部委託管理の検証項目

(1)　P・Dのチェック項目

顧客情報管理態勢におけるP及びDに関するチェック項目として，概要，(a) 内部規程の策定，(b) 外部委託管理部門の営業部門へのけん制機能の発揮，(c) 内部規程の周知徹底，(d) 適切な外部委託先の選定，適切な内容の委託契約の締結，外部委託先に対するモニタリングの実施，外部委託先の業務に関する相談・苦情等の処理態勢の整備，外部委託先の業務のバックアップ態勢の整備，顧客保護の観点から必要な場合の委託契約の変更・解除の措置，外部委託先における顧客情報保護措置等を挙げた．

(2)　C・Aのチェック項目

外部委託管理態勢におけるC及びAに関するチェック項目として，概要，(a) 外部委託管理の徹底の実効性の検証と態勢の見直しと，(b) 内部監査等におけるC及びAの検証を挙げた．外部委託管理の実効性の観点から，PDCAサイクルを不断に回し続けることが重要である．

第３章　保険募集業務及び保険契約管理業務

3.1　第一分野及び第三分野の募集業務

3.1.1　権限明示

JSA-S1003

6　保険募集業務及び保険契約管理業務[13)]

注[13)]　所属保険会社が，保険代理店に対して，別途，保険募集業務及び保険契約管理業務に関するルール，手順などを定めている場合には，保険代理店は当該ルール，手順なども遵守する必要がある．

6.1　第一分野及び第三分野の募集業務

6.1.1　権限明示

a）顧客に対し，次を明示する．

— 所属保険会社等の商号，名称又は氏名，及び取り扱うことができる保険会社の範囲［専属（1 社の保険会社とだけ代理店委託契約を締結していること．以下，同じ.）か乗合か，乗合の場合には取り扱える保険会社の数の情報など］.

— 自己が所属保険会社等の代理人として保険契約を締結するか，又は保険契約の締結を媒介するかの別.

— 募集人（代理店）の商号，名称又は氏名.

— 告知受領権の有無.

【解　説】

保険募集人は，保険募集を行おうとするときは，あらかじめ，顧客に対し，次に掲げる事項を明らかにしなければならない（法 294 条，規則 227 条の 2).

① 所属保険会社等の商号，名称又は氏名

② 自己が所属保険会社等の代理人として保険契約を締結するか，又は保険

契約の締結を媒介するかの別

③　保険募集人の商号，名称又は氏名

併せて，保険募集人は，自らが取り扱える保険会社の範囲（保険会社の数等）の情報や告知受領権の有無を，顧客に説明しなければならない［監督指針Ⅱ-4-2-2(3)④イ(サ)］.

JSA-S1003

b)　乗合代理店が比較・推奨を行う場合，いかなる方針で比較・推奨を行うのかを顧客に説明する.

【解　説】

1　比較・推奨の方針

（乗合代理店の場合）保険募集人は，自らが所属する保険代理店の比較・推奨方針（いかなる方針で比較･推奨を行うのか）を顧客に説明する必要がある［法294条1項，294条の3，規則227条の2第3項4号，監督指針Ⅱ-4-2-9(5)］.

なお，一般に，比較・推奨の方針には，次の三つのパターンがある.

①　顧客の意向に沿って商品を選別し，商品を推奨するパターン

※　（顧客の意向に対応した）商品特性や保険料水準等の客観的な基準や理由等により，保険商品を絞り込んで，顧客に提示する方法［規則227条の2第3項4号ロ，監督指針Ⅱ-4-2-9(5)①②］

②　自店独自の推奨理由・基準に沿って商品を選別し，商品を推奨するパターン

※　商品特性や保険料水準等の客観的な基準や理由等に基づくことなく，特定の保険会社との資本関係やその他の事務手続・経営方針上の理由等により，保険商品を絞り込んで，顧客に提示する方法［規則227条の2第3項4号ハ，監督指針Ⅱ-4-2-9(5)③］

③　上記②の方法で，自店独自の推奨理由・基準に沿って商品（複数の商品）を選別した後，上記①の方法で，顧客の意向に沿って商品を選別し，商品を推奨するパターン

監督指針Ⅱ-4-2-9　保険募集人の体制整備義務（法第294条の3関係）

(5)　二以上の所属保険会社等を有する保険募集人［規則第227条の2第3項第4号及び規則第234条の21の2第1項第2号に規定する二以上の所属保険会社等を有する保険募集人をいう．以下，Ⅱ-4-2-9(5) において同じ.］においては，以下の点に留意しつつ，規則第227条の2第3項第4号及び規則第234条の21の2第1項第2号に規定する保険契約への加入の提案を行う理由の説明その他二以上の所属保険会社等を有する保険募集人の業務の健全かつ適切な運営を確保するための措置が講じられているかどうかを確認するものとする.

①　二以上の所属保険会社等を有する保険募集人が取り扱う商品の中から，顧客の意向に沿った比較可能な商品［保険募集人の把握した顧客の意向に基づき，保険の種別や保障（補償）内容などの商品特性等により，商品の絞込みを行った場合には，当該絞込み後の商品］の概要を明示し，顧客の求めに応じて商品内容を説明しているか.

②　顧客に対し，特定の商品を提示・推奨する際には，当該提示・推奨理由を分かりやすく説明することとしているか．特に，自らの取扱商品のうち顧客の意向に合致している商品の中から，二以上の所属保険会社等を有する保険募集人の判断により，さらに絞込みを行った上で，商品を提示・推奨する場合には，商品特性や保険料水準などの客観的な基準や理由等について，説明を行っているか.

(注1)　形式的には商品の推奨理由を客観的に説明しているように装いながら，実質的には，例えば保険代理店の受け取る手数料水準の高い商品に誘導するために商品の絞込みや提示・推奨を行うことのないよう留意する.

(注2)　例えば，自らが勧める商品の優位性を示すために他の商品との比較を行う場合には，当該他の商品についても，その全体像や特性について正確に顧客に示すとともに自らが勧める商品の優位性の根

拠を説明するなど，顧客が保険契約の契約内容について，正確な判断を行うに必要な事項を包括的に示す必要がある点に留意する［法第300条第1項第6号，Ⅱ-4-2-2(9)②参照］.

③　上記①，②にかかわらず，商品特性や保険料水準などの客観的な基準や理由等に基づくことなく，商品を絞込み又は特定の商品を顧客に提示・推奨する場合には，その基準や理由等（特定の保険会社との資本関係やその他の事務手続・経営方針上の理由を含む.）を説明しているか.

（注）　各保険会社間における「公平・中立」を掲げる場合には，商品の絞込みや提示・推奨の基準や理由等として，特定の保険会社との資本関係や手数料の水準その他の事務手続・経営方針などの事情を考慮することのないよう留意する.

2　上記②のパターンの場合の留意点

(1)　“自店独自の推奨理由・基準”については，「一定の具体性を有する理由であることを要する」（パブコメ結果94番），「（※監督指針）Ⅱ-4-2-9(5)②・③で用いる理由としての適切性については，個々の事案に応じて，用いる理由の客観性や合理性等を踏まえた上で判断する必要がある」（パブコメ結果541番～543番）とされており，“具体性”“客観性”“合理性”が必要である.

(2)　推奨理由・基準に“精通”や“充実”等の評価が含まれる場合（例えば，“所属保険会社の中で最も事務に精通している”，“所属保険会社の中で最もお客様サポートの体制が充実している”，“事故対応の体制が最も充実している”など），主観的・抽象的になるおそれがあるので，いかなる根拠・理由をもってそのように判断したのかについて整理し，その内容を記録に残しておくことが必要である.

また，本来は代理店手数料水準に基づいて商品を絞り込んでいるにもかかわらず，別の基準・理由を装うことは不適切であり，主たる理由が代理店手数料水準である場合には，その旨説明する必要がある（パブコメ結果521番）.

(3)　拠点ごと・募集人ごとに異なる推奨理由を設ける場合

この場合，以下の損保協会“募集コンプライアンスガイド”及び生保協会ガイドラインの規定を踏まえると，①社内規則で，拠点ごと・募集人ごとに推奨する保険会社・商品及びその理由を定め，②書面等で，顧客に対して，拠点ごと・募集人ごとに推奨する保険会社・商品が異なること及びその理由を説明する（他の拠点・募集人は，他の保険会社・商品を取り扱っていることを説明する）との措置を講じ，③こうした顧客説明が適切になされるように募集人に対する教育・管理・指導を行い，④適切な顧客説明ができているかについて，自己点検・内部監査等で確認・検証するのであれば，拠点・募集人ごとに推奨する保険会社・商品が異なることも認められると考えられる．

損保協会“募集コンプライアンスガイド”

「保険代理店が拠点を設けている場合，その拠点によって，推奨基準・理由が異なることも許容されると考えられます．また，これと同様に，その代理店の基準や理由の範囲内であれば，募集人ごとに推奨する商品（保険会社）が異なることも許容されると考えられます．ただし，その基準や理由が合理的であるとともに，お客さまにわかりやすく説明がなされる必要があり，それも含めて代理店内において適切に募集人を教育・管理・指導する体制が整備されていることが前提となります．なお，同じ代理店内で募集人ごとに推奨する商品（保険会社）が異なることがお客さまにとって不公平にならないよう，（お客さまの意向による推奨ではなく）あくまでも代理店の方針で募集人ごとに商品（保険会社）を推奨していることを明確に伝え，お客さまにとって他の商品（保険会社）を希望する機会が公平に与えられる必要がある点に留意が必要です．」

生保協会ガイドライン

「その基準・理由等が合理的であれば，乗合代理店の店舗や保険募集人ごとに異なることも許容され得る．その場合，店舗や保険募集人ごとの基準・理由等を顧客に分かりやすく説明することに加えて，例えば当該代理店として提示・推奨する商品の範囲を示すなど，顧客の商品選定機会を確保する必要がある．また，当該代理店においては，合理的な基準・理由等の設定，顧客への適切な説明等について，所属する保険募集人に対して教育・管理・指導を行うとともに，実施状況等を確認・検証する必要がある．」

【参考例】

本規格 **6.1.1 a), b)** の内容について，口頭で説明を行うことに加えて，書面を作成の上，代理店の会社案内等とともに顧客に交付する対応が考えられる．

なお，顧客にとって，当該代理店の比較・推奨の方針は，保険加入の検討に当たって，自身の意向に沿う相談相手かをあらかじめ選択するための重要な情報といえ，事前に，顧客に当該方針を書面でわかりやすく伝えることは重要である．

3.1.2　意向把握

JSA-S1003

6.1.2　意向把握

次の“意向把握型”又は“意向推定型”に基づいて意向把握（当初意向の把握）を行い，その内容を，保険会社が指定した，又は当該保険代理店が定めた帳票，システムなど（以下，所定の帳票等という．）に記録する．

a)　意向把握型の場合　アンケートなどによって顧客の意向を事前に把握する．例えば，次のような顧客の意向に関する情報を把握する．

— どのような分野の保障を望んでいるか（死亡した場合の遺族保障，医療保障，医療保障のうちがんなどの特定疾病に備えるための保障，傷害に備えるための保障，介護保障，老後生活資金の準備，資産運用など）．

— 貯蓄部分を必要としているか．

— 保障期間，保険料，保険金額に関する範囲の希望，及び優先する事項がある場合はその旨.

特定保険契約については，例えば，収益獲得を目的に投資する資金の用意があるか，預金とは異なる中長期の投資商品を購入する意思があるか，資産価額が運用成果に応じて変動することを承知しているか，市場リスク（金利，通貨の価格，金融商品市場における相場その他の指標に係る変動によって損失が生じるおそれ）を許容しているか，最低保証を求めるかなどの投資の意向に関する情報を含む.

b）**意向推定型の場合**　性別，年齢などの顧客属性，生活環境などに基づき，顧客の意向を推定する（顧客にふさわしい保険プランを推定する.）.

【解　説】

1　意向把握義務，意向把握の方法・対象

法294条の2は，「保険募集人…は，保険契約の締結，保険募集…に関し，顧客の意向を把握し，これに沿った保険契約の締結等（保険契約の締結又は保険契約への加入をいう．以下この条において同じ.）の提案，当該保険契約の内容の説明及び保険契約の締結等に際しての顧客の意向と当該保険契約の内容が合致していることを顧客が確認する機会の提供を行わなければならない.」と規定している.

これを受けて，監督指針Ⅱ-4-2-2(3)は，以下のように規定している.

監督指針Ⅱ-4-2-2　保険契約の募集上の留意点

(3)　法第294条の2関係（意向の把握・確認義務）

保険会社又は保険募集人は，法第294条の2の規定に基づき，顧客の意向を把握し，これに沿った保険契約の締結等の提案，当該保険契約の内容の説明及び保険契約の締結等に際して，顧客の意向と当該保険契約の内容が合致していることを顧客が確認する機会の提供を行っているか.

①　意向把握・確認の方法

意向把握・確認の方法については，顧客が，自らの抱えるリスクやそれを踏まえた意向に保険契約の内容が対応しているかどうかを判断したうえで保険契約を締結することを確保するために，取り扱う商品や募集形態を踏まえ，保険会社又は保険募集人の創意工夫による方法で行っているか．

具体的には，例えば，以下のア．からエ．のような方法が考えられる．

ア．保険金額や保険料を含めた当該顧客向けの個別プランを説明・提案するにあたり，当該顧客の意向を把握する．その上で，当該意向に基づいた個別プランを提案し，当該プランについて当該意向とどのように対応しているかも含めて説明する．

その後，最終的な顧客の意向が確定した段階において，その意向と当初把握した主な顧客の意向を比較し，両者が相違している場合にはその相違点を確認する．

さらに，契約締結前の段階において，当該意向と契約の申込みを行おうとする保険契約の内容が合致しているかどうかを確認（＝「意向確認」）する．

（注 1）　事前に顧客の意向を把握する場合，例えば，アンケート等により把握することが考えられる．

（注 2）　顧客の意向を把握することには，例えば，性別や年齢等の顧客属性や生活環境等に基づき推定するといった方法が含まれる．この場合においては，個別プランの作成・提案を行う都度，設計書等の交付書類の目立つ場所に，推定（把握）した顧客の意向と個別プランの関係性をわかりやすく記載し説明するなど，どのような意向を推定（把 握）して当該プランを設計したかの説明を行い，当該プランについて，当該意向とどのように対応しているかも含めて説明することが考えられる．

（略）

② 意向把握・確認の対象

例えば，以下のような顧客の意向に関する情報を把握・確認しているか．

ア．第一分野の保険商品及び第三分野の保険商品について

（注） 変額保険，変額年金保険，外貨建て保険等の投資性商品を含み，海外旅行傷害保険商品及び保険期間が1年以下の傷害保険商品（契約締結に際し，保険契約者又は被保険者が告知すべき重要な事実又は事項に被保険者の現在又は過去における健康状態その他の心身の状況に関する事実又は事項が含まれないものに限る.）を除く.

（ア） どのような分野の保障を望んでいるか.

（死亡した場合の遺族保障，医療保障，医療保障のうちガンなどの特定疾病に備えるための保障，傷害に備えるための保障，介護保障，老後生活資金の準備，資産運用など）

（イ） 貯蓄部分を必要としているか.

（ウ） 保障期間，保険料，保険金額に関する範囲の希望，優先する事項がある場合はその旨

（注） 変額保険，変額年金保険，外貨建て保険等の投資性商品については，例えば，収益獲得を目的に投資する資金の用意があるか，預金とは異なる中長期の投資商品を購入する意思があるか，資産価額が運用成果に応じて変動することを承知しているか，市場リスクを許容しているか，最低保証を求めるか等の投資の意向に関する情報を含む.

なお，市場リスクとは，金利，通貨の価格，金融商品市場における相場その他の指標に係る変動により損失が生ずるおそれをいう.

監督指針Ⅱ-4-2-2(3)①ア.（注1）が意向把握型，同（注2）が意向推定型の

意向把握の方法を示している.

また，監督指針Ⅱ-4-2-2(3)②で，把握・確認すべき顧客の意向に関する情報が示されている.

2　意向把握の記録

監督指針Ⅱ-4-2-2(3)④ア. は,「保険会社又は保険募集人のいずれか，又は双方において，意向把握に係る業務の適切な遂行を確認できる措置を講じているか. 例えば，適切な方法により，保険募集のプロセスに応じて，意向把握に用いた帳票等（例えば，アンケートや設計書等）であって，Ⅱ-4-2-2(3)①ア. に規定する顧客の最終的な意向と比較した顧客の意向に係るもの及び最終的な意向に係るものを保存するなどの措置を講じているか.」と規定している.

この点，意向把握に用いた帳票等の保存は,「意向把握に係る業務の適切な遂行を確認できる措置」の例示であり，パブコメ結果375番も,「各社が自社の商品特性や募集形態を踏まえた意向把握プロセスの適切な履行等について，事後的に確認・検証を行うにあたり，必要となる書面を保存する等の措置を求めるものです.」との見解を示している. すなわち，保険代理店には態勢整備義務が課されており，PDCAサイクルを有効に機能させることが必要であるが，この中の“C”“A”としては，コンプライアンス責任者による点検や内部監査責任者による監査等で，所属募集人が意向把握プロセスを遵守しているかの検証を行うことも含まれる（上記パブコメ結果の「事後的に確認・検証を行う」の部分である.）. そこでは，意向把握の経緯の記録を検証する必要があるが，意向把握の経緯に関する記録がなければ，その適切性を検証しようとしてもできない. つまり，所属募集人の募集活動の適切性を確認・判断するため，上記の保存している帳票等の内容を検証するのであり，“C”“A”を適切に行うためには，所属募集人に帳票等を適切に保存させる必要がある. なお，紙媒体ではなく，システム等への記録で保存することも考えられる.

なお，こうした観点のほか，意向把握帳票や面談記録（折衝記録）等は，後日，顧客から苦情等の申立てがありトラブルとなった場合に，当該募集人の募集の適切性を裏付ける（つまり，募集人・代理店が自らを守る）重要な資料となるという意義もある．こうしたエビデンスがないと，いわゆる“言った／言わない”の議論となり，募集の適切性を示すことは難しくなり，そうすると，裁判や金融 ADR 等で，募集人・代理店にとって不利な判断が下されるおそれがある．

【参考例】

意向把握の記録・保存について，顧客から募集経緯等を確認された際，顧客対応を適時・円滑に行うために，担当募集人に限らず，当該保険代理店から記録閲覧権限等を付与されている他の役職員が対応できるようにすることが考えられる（なお，個人データへのアクセス権限を付与する役職員数は必要最小限に限定し，役職員に付与するアクセス権限も必要最小限に限定する必要がある点に留意する必要がある．）．

【参考例】

募集経緯の事後検証については，所属長等の営業現場の管理者等による点検，コンプライアンス責任者による点検や内部監査責任者による監査のように，2 段階又は 3 段階の点検・監査により検証することが考えられる（例えば，営業現場の管理者による点検は，契約申込み前又は申込み直後等に行い，その点検内容の適切性も含め，コンプライアンス責任者による点検や内部監査責任者による監査で検証することが考えられる．）．

JSA-S1003

特定保険契約の場合は，その販売・勧誘に先立ち，その対象となる個別の特定保険契約，当該顧客との一連の取引の頻度・金額が，把握した顧客属性などにかなうものであることの合理的根拠があるかについて検討・評価するとともに，適合性の確認（顧客の知識，経験，財産の状況及び商品購入の目的に照らして，不適当な勧誘とならないかを確認すること）を行い，その結果を所定の帳票等に記録する．

【解　説】

1　保険募集人は，特定保険契約［金利，通貨の価格，金融商品市場における相場その他の指標に係る変動により損失が生じるおそれ（当該保険契約が締結されることにより顧客の支払うこととなる保険料の合計額が，当該保険契約が締結されることにより当該顧客の取得することとなる保険金，返戻金その他の給付金の合計額を上回ることとなるおそれをいう.）がある保険契約．例えば，外貨建て保険，変額保険，変額年金保険等］を提案する場合には，その販売・勧誘に先立ち，その対象となる個別の特定保険契約や当該顧客との一連の取引の頻度・金額が，把握した顧客属性等にかなうものであることの合理的根拠があるかについて検討・評価するとともに，適合性の確認（顧客の知識，経験，財産の状況，商品購入の目的に照らして，不適当な勧誘とならないかを確認すること）を行う必要がある（法 300 条の 2，準用金融商品取引法 40 条 1 項，同法 38 条 9 号・規則 234 条の 27 第 1 項 3 号，監督指針Ⅱ-4-4-1-3，生保協会「市場リスクを有する生命保険の募集等に関するガイドライン」）.

保険募集人は，特定保険契約の販売・勧誘にあたり，例えば，以下の情報を顧客から収集する必要がある［監督指針Ⅱ-4-4-1-3⑵①］.

①　生年月日（顧客が自然人の場合に限る.）

②　職業（顧客が自然人の場合に限る.）

③　資産，収入等の財産の状況

④　過去の金融商品取引契約[*1]の締結及びその他投資性金融商品の購入経験の有無及びその種類

⑤　既に締結されている金融商品の満期金又は解約返戻金を特定保険契約の保険料に充てる場合は，当該金融商品の種類

⑥　特定保険契約を締結する動機・目的，その他顧客のニーズに関する情報

なお，保険募集人は，既契約者に対する新たな特定保険契約の販売・勧誘に際して，当該情報（上記①を除く.）が変化したことを把握した場合には，顧

[*1]　金融商品取引法 34 条に規定する「金融商品取引契約」.

客に確認を取った上で，登録情報の変更を行うなど適切な顧客情報の管理を行う必要がある［監督指針Ⅱ-4-4-1-3(2)①］.

2　保険代理店においても，適合性確認の基準や方法，当該基準に該当する場合の方策等を社内規程・マニュアル等に具体的に明記し（対象となる個別の特定保険契約や当該顧客との一連の取引の頻度・金額が，把握した顧客属性等にかなうものであることの合理的根拠があるかについて検討・評価する観点から，特定保険契約の特性等に応じ，あらかじめ，どのような考慮要素や手続をもって行うかの方法を定める必要がある.），特に，高齢の顧客に関しては，“理解能力や判断能力”，“投資経験”，“投資性資産の保有割合”等の観点を踏まえて，より一層厳格な適合性確認の基準を定めることが望ましい（生保協会「市場リスクを有する生命保険の募集等に関するガイドライン」）.

【参考例】

顧客に保険提案を行うまでのどの時点・段階で適合性の確認を行うのかについても，社内ルールに定めることが考えられる.

3　事後的に特定保険契約の販売・勧誘の適切性を検証できるようにするために，保険募集人は，適合性の確認の結果を所定の帳票等に記録する必要がある.

3.1.3　保険プランの提案及び比較・推奨

JSA-S1003

6.1.3　保険プランの提案及び比較・推奨

保険プランの提案及び比較・推奨は，次による.

a)　顧客の意向に沿った保険プランを提案し，当該プランの内容と顧客の意向との関係性について，説明する.

【解　説】

監督指針Ⅱ-4-2-2(3)①ア.で，「当該意向に基づいた個別プランを提案し，当該プランについて当該意向とどのように対応しているかも含めて説明する.」,同（注 2）で,「どのような意向を推定（把握）して当該プランを設計したかの説明を行い，当該プランについて，当該意向とどのように対応しているかも含めて説明することが考えられる.」と規定しているように，保険募集人は，顧客の意向に沿った保険プランを提案し，当該プランの内容と顧客の意向との関係性について，説明する必要がある.

【参考例】

死亡保障，医療保障など，保障の種類に加えて，保険商品の商品特性や保障機能等に関する顧客の要望についても顧客の意向と定義して，保険プランの内容との関係性を説明することが考えられる.

JSA-S1003

b）（乗合代理店の場合）顧客に対し，複数の保険会社の商品を提案し，契約内容を比較する場合は，顧客が自身の意向に沿った商品を選択できるように，提案する全ての商品の比較事項を偏りなく説明する.

【解　説】

“比較説明”とは，複数の保険会社の商品の中から，比較可能な商品を複数示して，顧客に説明を行うことをいうが，保険募集人は，保険商品の比較説明を行う場合，比較すべき事項を偏りなく説明する必要がある．例えば，自らが勧める商品の優位性を示すために他の商品との比較を行う場合には，当該他の商品についても，その全体像や特性について正確に顧客に示すとともに自らが勧める商品の優位性の根拠を説明するなど，顧客が保険契約の契約内容について，正確な判断を行うに必要な事項を包括的に示す必要がある［法 300 条 1 項 6 号，規則 227 条の 2 第 3 項 4 号，監督指針Ⅱ-4-2-2(9)②，Ⅱ-4-2-9(5)②(注 2)]．したがって，例えば，保険料の違いだけを説明し，保障範囲の違いを説明しない場合は，不十分な対応となる.

【参考例】

提案する全ての保険商品の比較事項を偏りなくかつわかりやすく説明するために，取扱可能な全ての商品についての情報（特徴，メリット・デメリット，スペック等）を整理しておくことが考えられる．

JSA-S1003

c)　（乗合代理店の場合）取扱商品の中から，特定の保険会社の商品を選別して提案する場合は，推奨した商品をどのように選別したのか，その理由を説明する．

【解　説】

当該保険代理店がいずれの比較・推奨方針を採用するにせよ［**6.1.1 b**）参照］，保険募集人は，取扱商品の中から，特定の保険会社の商品を選別して提案する場合は，推奨した商品をどのように選別したのか，その理由を説明する必要がある［法294条1項，規則227条の2第3項4号，234条の21の2第1項2号，監督指針Ⅱ-4-2-9(5)］．

本規格**5.3**の解説に記載のとおり，顧客の意向に沿って商品を選別し，商品を推奨する方針を取る場合，特定の商品を提示・推奨する基準・理由などは，当該保険代理店が定めるものであり，所属募集人ごと各々の事情に応じた基準・理由などによる提示・推奨は認められず，また，保険代理店独自の基準で推奨保険会社・推奨保険商品を定めている場合でも，顧客がそれら以外の保険会社・保険商品の提案を求めてきた際に，推奨保険会社・推奨保険商品以外の保険会社・保険商品の中で，顧客の意向を踏まえて，商品を選定・提案する場合に，所属募集人ごと各々の事情に応じた基準・理由などによる提示・推奨にならないように，留意する必要がある．

JSA-S1003

d)　（乗合代理店が比較・推奨を行った場合）商品を絞り込んだ理由・決定理由について所定の帳票等に記録する．

【解　説】

監督指針Ⅱ-4-2-9(5)④は，「上記①から③に基づき，商品の提示・推奨や保険代理店の立場の表示等を適切に行うための措置について，社内規則等において定めた上で，定期的かつ必要に応じて，その実施状況を確認・検証する態勢が構築されているか.」と規定し，パブコメ結果では，「比較推奨販売の実施状況の適切性を確認・検証し，必要に応じて，改善することが重要であることから，その適切性の確認・検証に資する記録や証跡等の保存が必要と考えます.」との見解が示されている（パブコメ結果562番).

したがって，比較・推奨販売を行う場合，事後的に比較・推奨の適切性を検証できるようにするために，保険募集人は，比較・推奨に係る“記録や証跡等の保存”を行う（いかなる選定基準・選定経緯・推奨理由等で商品を提示・推奨したかについて，記録に残す）必要がある.

【参考例】

意向項目について，保険種目にとどまらず，商品特性や保障機能，保険料の払込方法，付帯サービスなど，より詳細に定め，それらを踏まえて把握した意向に沿って商品を絞り込み，その記録を残すことによって，いかなる選定基準・選定経緯・推奨理由等で商品を提示・推奨したかについて，具体的に記録に残すことができると考えられる.

3.1.4　商品説明

JSA-S1003

6.1.4　商品説明

契約のしおり，パンフレット，チラシなどを使用し，顧客の意向を踏まえて適切な保険商品を提案する.

【解　説】

保険募集人は，顧客の意向を踏まえて適切な保険商品を提案し，当該保険商品の内容等について，契約のしおり，パンフレット，チラシ等の募集文書を使用して，顧客が理解できるように，わかりやすく説明するとともに，顧客が商品内容について理解しているかを確認することが重要である．

JSA-S1003

（特定保険契約の場合）リスクなどについて説明し，その内容を所定の帳票等に記録する．

【解　説】

保険募集人は，特定保険契約を提案する場合は，顧客の知識・経験・財産の状況及び特定保険契約を締結する目的に照らし，商品内容・リスク等について，当該顧客に理解されるために必要な方法及び程度によって説明を行う必要がある．

なお，保険代理店は，保険募集人が販売・勧誘する個別の特定保険契約について，そのリスク，リターン，コスト等の顧客が特定保険契約の締結を行う上で必要な情報を十分に分析・特定し，その上で，当該特定保険契約の特性等に応じ，研修の実施，顧客への説明書類の整備などを通じ，販売・勧誘に携わる保険募集人が当該情報を正確に理解し，適切に顧客に説明できる態勢を整備する必要がある［監督指針Ⅱ-4-4-1-3(1)］．

そして，事後的に比較・推奨の適切性を検証できるようにし，また，後日のトラブルを防止するために，保険募集人は，リスク説明の内容等について，記録に残す必要がある．

3.1.5　重要事項説明

JSA-S1003

6.1.5　重要事項説明

契約に際しての重要事項（契約概要，注意喚起情報など）を説明する．

【解　説】

契約に際して，保険募集人は，重要事項（契約概要，注意喚起情報など）を説明する必要がある［法 294 条，300 条 1 項 1 号，監督指針Ⅱ-4-2-2(2)］.

3.1.6　当初の意向と最終意向との比較（ふりかえり）

JSA-S1003

6.1.6　当初の意向と最終意向との比較（ふりかえり）

最終的な顧客の意向が確定した段階において，その意向と当初把握した主な顧客の意向とを比較し，両者が相違している場合にはその相違点を確認して，その内容を所定の帳票等に記録する.

【解　説】

保険募集人は，最終的な顧客の意向が確定した段階において，その意向と当初把握した主な顧客の意向とを比較し，両者が相違している場合にはその相違点を確認する必要がある［監督指針Ⅱ-4-2-2(3)①］.

そして，保険募集人は，意向把握の記録の一部として，その内容を所定の帳票等に記録することが必要である.

3.1.7　最終意向と申込内容との合致確認

JSA-S1003

6.1.7　最終意向と申込内容との合致確認

契約締結前の段階において，顧客の最終的な意向と契約の申込みを行おうとする保険契約の内容とが合致しているかどうかを確認（意向確認）し，意向確認書面を作成する.

【解　説】

保険募集人は，契約締結前の段階において，当該意向と契約の申込みを行おうとする保険契約の内容が合致しているかどうかを確認（意向確認）し，意向確認書面を作成する必要がある［監督指針Ⅱ-4-2-2(3)①，④］.

3.1.8　告　知

JSA-S1003

6.1.8　告知

告知事項に該当する項目の内容及び告知の重要性を顧客に説明の上，顧客から正しい告知を受領する．

顧客から，申込書の所定の欄に署名又は記名・押印をしてもらう．

【解　説】

保険募集人は，保険契約の締結に当たり，何が告知事項に該当するのか（告知事項に該当する項目の内容）及び告知の重要性を顧客に説明の上，契約申込書の告知項目又は告知書の記載事項について，正しい告知を取り付けることが必要である（法 300 条 1 項 2 号，3 号参照）．

3.2　第一分野及び第三分野の保険契約管理業務

3.2.1　変更手続

JSA-S1003

6.2　第一分野及び第三分野の保険契約管理業務

6.2.1　変更手続

契約者から変更手続の依頼があった場合，次のとおり変更手続を行い，その一連の対応履歴を所定の帳票等に記録することが望ましい．

【解　説】

契約者から変更手続（住所変更，名義変更，契約内容変更，保険料振替口座変更等）の依頼があった場合，変更手続の適切性の事後検証や変更手続に関する後日のトラブルの防止等のために，変更手続の一連の対応履歴について所定の帳票等に記録することが望ましい．

JSA-S1003

a)　受付対応

— 連絡をしてきた人に対して，会社で定めた本人確認手続を行う．

— 契約者に，変更内容に応じた手続について説明する．保険代理店にて変更手続を行う場合は，契約者に対して，変更手続に必要な情報のヒアリングを行う．

— 該当契約の内容を確認するとともに，他の保険契約の有無を確認し，他の保険契約がある場合には，当該他の保険契約についても変更手続が必要かを顧客に確認する．

— 変更手続に伴い，現契約の保障内容などに変更が生じる場合，その変更点について説明を行う．

【解　説】

変更手続の受付対応としては，まず，連絡をしてきた人が契約者本人か否かを確認するために，会社で本人確認手続を規定した上，それを行う必要がある．

次に，契約者に，変更内容に応じた手続について説明し，保険代理店にて変更手続を行う場合は，契約者に対して，変更手続に必要な情報のヒアリングを行う必要がある．また，該当契約の内容を確認するとともに，他の保険契約の有無を確認し，他の保険契約がある場合には，当該他の保険契約についても変更手続が必要かを顧客に確認する必要がある．変更手続に伴い，現契約の保障内容などに変更が生じる場合，契約者に，その変更点について説明を行うことも必要である．

なお，主契約の保障額を減額した場合は，特約の保障を減額する必要が生じることがあり，また，保障を追加した場合は，新たに免責期間が生じることがある点に留意が必要である．

【参考例】

保険会社が本人確認の確認項目や確認方法，変更手続の方法等について規定している場合は，それに従う必要があるが，保険会社ごとにルールが異なる場合は，それらを一覧表で整理するなどして，各保険会社のルールを誤らないように管理することが考えられる．

【参考例】

変更点の説明について，例えば，現契約の内容と変更時の内容とを比較して説明することが考えられる．

JSA-S1003

b)　変更手続の実施

— 保険代理店にて変更手続を行う場合は，変更内容に応じて必要な手続を準備し（変更手続書類の準備，追加・返還保険料の見積り，保険会社オンラインシステムの入力など），その手続を行う．

— 変更に伴って留意点がある場合，その内容を説明する．

— （書類取付けが必要な場合）変更手続書類を契約者から取り付け，保険会社へ提出するまでの間，会社で定めた場所に保管する．変更手続書類の受領日は，管理簿などに記録することが望ましい．

— （書類取付けが必要な場合）変更手続書類を保険会社へ提出し，提出された手段及び日時を所定の帳票等に記録する．

— 取り付けた書類に不備がある場合，それを解消するための対応を行う．不備対応については，解消期限を設け，当該期限内に解消するよう管理する．

— 不備対応の内容などを所定の帳票等に記録し，その原因について分析することが望ましい．

【解　説】

保険代理店にて変更手続を行う場合は，変更内容に応じて必要な手続を準備して（変更手続書類の準備，追加・返還保険料の見積り，保険会社オンラインシステムの入力など），その手続を行い，変更に伴って留意点がある場合は，その内容を契約者に説明する必要がある．

そして，書類の取付けが必要な場合は，変更手続書類を契約者から取り付けて（変更手続書類の受領日は，管理簿などに記録することが望ましい．），保険会社へ提出するまでの間，会社で定めた場所に保管し（変更手続書類には個人情報が記載されているため，その保管方法等について社内ルールを定める必要がある．），変更手続書類を保険会社へ提出した場合は，書類未送付等のトラブルを防止するため，提出した手段及び日時を所定の帳票等に記録する必要がある．変更手続書類の保険会社への提出時期・期限や方法等については，保険会社ごとに異なる場合があるところ，保険代理店としてこれらを把握し，社内に周知する必要がある．

なお，変更に伴って保険料の追加・返還が生じる場合，その試算を速やかに行って，正確な金額や時期等を契約者に連絡する必要がある．

契約者から取り付けた書類に不備がある場合は，それを解消するための対応を行うことが必要であり，対応漏れ等を防止するため，不備対応の解消期限を設け，当該期限内に解消するよう管理する必要がある．

不備の再発等を防止するため，不備対応の内容などを所定の帳票等に記録し，その原因について分析することが望ましい．

【参考例】

手続書類における不備は，保険代理店による手続書類の受領後，保険会社提出前に発覚するものと，保険会社が手続書類を受領した後に発覚するものがある．保険代理店内で発覚したものについては，当該保険代理店内で不備を解消する者は誰か，不備解消の期限設定と進捗をチェックする者は誰か等を決めて，不備解消の進捗管理を行うことが考えられる．保険会社が手続書類を受領した後に発覚したものについては，保険会社から保険代理店への不備の連絡方法等は，保険会社ごとに異なることがあるところ，保険会社と保険代理店との連携ミスにより対応の遅れが生じないように，取扱保険会社ごとにどのように不備連絡がくるのか等を一覧表で整理するなどして，把握しておくことが考えられる．

【参考例】

変更手続に関する顧客との対応履歴の記録とともに手続書類の不備対応も記録として残すことで，当該保険代理店のどの役職員にどのような不備が多いのか等を分析することができる．これらの分析により，不備の発生率を下げるための教育や契約者への案内方法，使用する資料等の改善に活かすことができ，契約者によりわかりやすく，迅速に漏れのない手続を提供することができる．例えば，①事務担当者が変更内容と手続書類を照らし合わせて不備がないか点検し，不備があれば手続担当者に差し戻してシステムに記録する，②再提出された手続書類を事務担当者が点検し，問題がなければ承認者が最終承認して記録に残し，保険会社へ提出するといった業務フローが考えられる．このフローによって，手続担当者や営業拠点別に不備の件数・内容を数値化して，不備の原因やその傾向を分析し，その分析結果を指導に活用することが考えられる．

3.2.2　解約手続

JSA-S1003

6.2.2　解約手続

契約者から解約手続の依頼があった場合，次のとおり解約手続を行い，その一連の対応履歴，理由などを所定の帳票等に記録する．

【解　説】

契約者から解約手続の依頼があった場合，解約手続の適切性の事後検証や解約手続に関する後日のトラブルの防止等のために，解約手続の一連の対応履歴について所定の帳票等に記録することが必要である．また，解約理由によっては，不適切募集等が発覚することもあるため（例えば，募集人による意向把握や情報提供が不十分であったために，契約者において，自らの意向に合った保障内容等ではないということが契約後に判明して，解約に至るなど），解約理由を確認し，それを記録することも必要である[*2]．

JSA-S1003

a)　受付対応

— 連絡をしてきた人に対して，会社で定めた本人確認手続を行う．

— 契約者に，解約内容に応じた手続について説明する．保険代理店にて解約手続を行う場合は，契約者に対して，解約に必要な情報のヒアリングを行い，不利益事項の説明を行う．また，解約以外の方法（自動振替貸付，延長，払済み，契約者貸付，減額など）についても説明し，その方法の採否を確認することが望ましい．

— 特に早期解約，クーリングオフの場合には，その原因について分析・類型化し，所定の帳票等に記録をする．

【解　説】

解約手続の受付対応としては，まず，連絡をしてきた人が契約者本人か否かを確認するために，会社で本人確認手続を規定した上，それを行う必要がある．

次に，契約者に，解約内容に応じた手続について説明し，保険代理店にて解約手続を行う場合は，契約者に対して，解約手続に必要な情報のヒアリングを

[*2] 2017 年 2 月「改正保険業法の施行後の保険代理店における対応状況等について～保険代理店に対するヒアリング結果～」，p. 13，事例 4 で，「失効・解約となった全ての契約に関して，担当した募集人から調書（募集経緯や解約理由など）を提出させ，顧客の意向に適した契約であったか，募集行為が社内規則等に照らして適切なものであったか，などをコンプライアンス責任者が都度確認することとしている．また，仮に，問題が認められた場合には，当該募集人に対し個別指導を行うほか，必要に応じて，顧客対応（加入意思の再確認など）を管理部門が直接行うこととしている．」との参考事例が掲載されているが，この事例でも，解約理由等を検証して，「顧客の意向に適した契約であったか，募集行為が社内規則等に照らして適切なものであったか」等について確認している．

行う必要がある．また，解約には不利益事項（一定金額の金銭をいわゆる解約控除等として契約者が負担することとなる場合があること等）が伴う場合があるところ，契約者にその説明を行う必要があり，さらに，解約以外の方法（自動振替貸付，延長，払済み，契約者貸付，減額など）で契約者の要望に応えることができる場合もあるため（その場合，解約に伴う不利益事項を回避することができる），その方法について説明し，その方法の採否を確認することが望ましい（ただし，契約者の解約を拒絶するようなことがないように留意する必要がある.）.

また，特に早期解約，クーリングオフの場合には，募集コンプライアンス上の問題が潜んでいる可能性もがあることから，その原因について分析・類型化し，所定の帳票等に記録する必要がある[*3].

【参考例】

保険会社が本人確認の確認項目や確認方法，解約手続の方法等について規定している場合は，それに従う必要があるが，保険会社ごとにルールが異なる場合は，それらを一覧表で整理するなどして，各保険会社のルールを誤らないように管理することが考えられる.

【参考例】

早期解約における“早期”の定義については，保険会社ごとに異なっているが，保険代理店は，各保険会社の定義を満たしつつ，サービス品質管理等の観点から，成約からどれくらい期間が経過したものを“早期”の対

[*3] 過去の金融検査事例でも，「(生命保険会社の保険募集管理部門が）早期消滅契約のほかに，クーリングオフ又は取消しとなった契約についても，募集コンプライアンス上の問題を内包している可能性があるにもかかわらず，調査を行うこととしてない」ことを問題として指摘したものがあり［金融検査結果事例集（平成24検査事務年度後期版），p. 101］，金融当局が，“早期消滅契約”，“クーリングオフとなった契約”，“取消しとなった契約”について，「募集コンプライアンス上の問題を内包している可能性がある」とし，その原因等の「調査を行う」ことが必要であると考えていることがわかる.

象とするかを検討し，独自に“早期”を定義することが考えられる．

【参考例】

早期解約時の対応について，保険会社ごとに異なる場合は，それらを一覧表で整理するなどして，各保険会社のルールを誤らないように管理することが考えられる．

JSA-S1003

b)　解約手続の実施

— 保険代理店にて解約手続を行う場合は，解約内容に応じて必要な手続を準備し（解約手続書類の準備，追加・返還保険料の見積り，保険会社への連絡など），その手続を行う．

— （書類取付けが必要な場合）解約手続書類を契約者から取り付け，保険会社へ提出するまでの間，会社で定めた場所に保管する．解約手続書類の受領日は，管理簿等に記録することが望ましい．

— （書類取付けが必要な場合）解約手続書類を保険会社へ提出し，提出した手段及び日時を所定の帳票等に記録する．

— 取り付けた書類に不備がある場合，それを解消するための対応を行う．不備対応については，解消期限を設け，当該期限内に解消するよう管理する．

— 不備対応の内容などを所定の帳票等に記録し，その原因について分析することが望ましい．

【解　説】

保険代理店にて解約手続を行う場合は，解約内容に応じて必要な手続を準備して（解約手続書類の準備，追加・返還保険料の見積り，保険会社への連絡など），その手続を行う必要がある．

そして，書類の取付けが必要な場合は，解約手続書類を契約者から取り付けて（解約手続書類の受領日は，管理簿などに記録することが望ましい.），保険会社へ提出するまでの間，会社で定めた場所に保管し（解約手続書類には個人情報が記載されているため，その保管方法等について社内ルールを定める必要がある.），解約手続書類を保険会社へ提出した場合は，書類未送付等のトラブルを防止するため，提出した手段及び日時を所定の帳票等に記録する必要がある．解約手続書類の保険会社への提出時期・期限や方法等については，保険会社ごとに異なる場合があるところ，保険代理店としてこれらを把握し，社内に周知する必要がある.

なお，解約に伴って保険料の返還が生じる場合，その試算を速やかに行って，正確な金額や時期等を契約者に連絡する必要がある.

契約者から取り付けた書類に不備がある場合は，それを解消するための対応を行うことが必要であり，対応漏れ等を防止するため，不備対応の解消期限を設け，当該期限内に解消するよう管理する必要がある.

不備の再発等を防止するため，不備対応の内容などを所定の帳票等に記録し，その原因について分析することが望ましい.

【参考例】

手続書類における不備は，保険代理店による手続書類の受領後，保険会社提出前に発覚するものと，保険会社が手続書類を受領した後に発覚するものがある．保険代理店内で発覚したものについては，当該保険代理店内で不備を解消する者は誰か，不備解消の期限設定と進捗をチェックする者は誰か等を決めて，不備解消の進捗管理を行うことが考えられる．保険会社が手続書類を受領した後に発覚したものについては，保険会社から保険代理店への不備の連絡方法等は，保険会社ごとに異なることがあるところ，保険会社と保険代理店との連携ミスにより対応の遅れが生じないように，取扱保険会社ごとにどのように不備連絡がくるのか等を一覧表で整理するなどして，把握しておくことが考えられる.

【参考例】

解約手続に関する顧客との対応履歴の記録とともに手続書類の不備対応も記録として残すことで，当該保険代理店のどの役職員にどのような不備が多いのか等を分析することができる．これらの分析により，不備の発生率を下げるための教育や契約者への案内方法，使用する資料等の改善に活かすことができ，契約者によりわかりやすく，迅速に漏れのない手続を提供することができる．例えば，①事務担当者が不備がないか点検し，不備があれば手続の担当者に差し戻してシステムに記録する，②再提出された手続書類を事務担当者が点検し，問題がなければ承認者が最終承認して記録に残し，保険会社へ提出するといった業務フローが考えられる．このフローによって，手続の担当者や営業拠点別に不備の件数・内容を数値化して，不備の原因やその傾向を分析し，その分析結果を指導に活用することが考えられる．

3.2.3　未納・失効対応

JSA-S1003

6.2.3　未納・失効対応

契約者からの支払い保険料が未納になった場合，又は未納によって契約が失効になった場合，次のとおり未納・失効対応を行い，その一連の対応履歴，理由などを所定の帳票等に記録する．

【解　説】

契約者からの支払い保険料が未納になった場合，又は未納によって契約が失効になった場合，後日のトラブルの防止等のために，未納・失効対応の一連の対応履歴について所定の帳票等に記録することが必要である．また，未納・失効理由によっては，不適切募集等が発覚することもあるため（例えば，募集人による意向把握や情報提供が不十分であったために，契約者において，自らの意向に合った保障内容等ではないということが契約後に判明して，未納・失効に至るなど），未納・失効理由を確認し，それを記録することも必要である[*4]．

JSA-S1003

a）　契約者への連絡

— 保険会社から提供される未納及び失効契約情報を確認し，契約者に連絡する．
— 未納契約者に対しては，支払い保険料が未納であった旨の連絡をするとともに，今後の支払いができなかった場合には保険契約が失効となること及びそのデメリットを伝え，未納保険料の支払いの対応を依頼する．
— 初回保険料未納者に対しては，未納になった理由を確認し，通常の未納と区別がつくように所定の帳票等に記録することが望ましく，未納理由は，類型化し，所定の帳票等に記録・分析することが望ましい．
— 失効契約者に対しては，保険契約が失効した旨の連絡をする．復活又は解約のいずれの意向であるかを確認する．
— 保険会社が定める早期失効に該当する場合，当該保険会社の求める対応を行う．
— 保険代理店が定めた早期失効の場合には，通常の失効と区別がつくように所定の帳票等に記録し，その原因を分析する．

【解　説】

未納・失効対応としては，まず，保険会社から提供される未納及び失効契約情報を確認し，速やかに契約者に連絡する必要がある．

次に，未納契約者に対しては，支払い保険料が未納であった旨の連絡をするとともに，今後の支払いができなかった場合には保険契約が失効となること及びそのデメリットを伝え，未納保険料の支払いの対応を依頼することが必要である．

[*4] 2017年2月「改正保険業法の施行後の保険代理店における対応状況等について～保険代理店に対するヒアリング結果～」，p. 13，事例4参照．

初回保険料未納者に対しては，募集の適切性の検証等のために，未納になった理由を確認し，通常の未納と区別がつくように所定の帳票等に記録することが望ましく，未納理由は，類型化し，所定の帳票等に記録・分析することが望ましい．

失効契約者に対しては，速やかに，保険契約が失効した旨の連絡をし，復活又は解約のいずれの意向であるかを確認する必要がある．

そして，保険会社が定める早期失効に該当する場合には，当該保険会社の求める対応を行う必要があり，保険代理店が定めた早期失効の場合には，募集コンプライアンス上の問題が潜んでいる可能性もあることから，通常の失効と区別がつくように所定の帳票等に記録し，募集経緯に不備がなかったかなど，その原因を分析することが必要である．

なお，未納・失効の対応ルールや復活手続については，保険会社ごとに異なる場合があるところ，保険代理店としてこれらを把握し，社内に周知する必要がある．

【参考例】

早期失効における“早期”の定義については，保険会社ごとに異なっているが，保険代理店は，各取扱保険会社の定義を満たしつつ，サービス品質管理等の観点から，成約からどれくらい期間が経過したものを“早期”の対象とするかを検討し，独自に“早期”を定義することが考えられる．

【参考例】

早期失効時の対応について，保険会社ごとに異なる場合は，それらを一覧表で整理するなどして，各保険会社のルールを誤らないように管理することが考えられる．

JSA-S1003

b） 解約・復活手続

— 契約者が，失効した契約の解約を希望する場合は，解約手続を依頼し解約手続を開始する．

— 失効した保険契約が復活可能で契約者が復活を希望する場合，復活手続の準備をし（書類の準備，追徴保険料の見積り，保険会社への連絡など），その手続を行う．

— 解約・復活に伴って留意点がある場合，その内容を説明する．

【解 説】

契約者が，失効した契約の解約を希望する場合は，保険会社に解約手続を依頼し，解約手続を開始することになるが，失効した保険契約が復活可能で契約者が復活を希望する場合は，復活手続の準備をし（書類の準備，追徴保険料の見積り，保険会社への連絡など），その手続を行う必要がある．そして，解約・復活に伴って留意点がある場合は，契約者にその内容を説明する必要がある．

なお，解約・復活に伴って保険料の返還・追加が生じる場合，その試算を速やかに行って，正確な金額や時期等を契約者に連絡する必要がある．

【参考例】

復活手続に当たっては，保険会社ごとに，失効から復活手続までの経過期間や保険種類等によって手続内容が異なり，公的書類，面談や健康診断等が必要になる場合がある．また，保険代理店が書類を受領した時点で復活手続が完了し契約の効力が発生するのではなく，該当保険会社が追徴保険料の入金確認や受領した書類等を審査し契約の復活を承諾する必要があり，健康診断の結果等の健康状態によっては復活することができない場合がある．復活に伴う留意点は，口頭で説明するだけでなく，契約者が理解しやすいように保険会社が作成する復活に関する資料を使用して案内することが考えられる．

3.2.4　保険金・給付金請求手続

JSA-S1003

6.2.4　保険金・給付金請求手続

顧客から保険金・給付金請求の手続の依頼があった場合，次のとおり保険金・給付金請求手続を行い，その一連の対応履歴を所定の帳票等に記録する．

【解　説】

顧客から保険金・給付金請求の手続の依頼があった場合，保険金・給付金請求手続の適切性の事後検証や保険金・給付金請求手続に関する後日のトラブルの防止等のために，保険金・給付金請求手続の一連の対応履歴について所定の帳票等に記録することが必要である．

【参考例】

保険金・給付金が支払われない場合，意向把握や情報提供等が不十分であった可能性があることから，募集の適切性等について検証することが考えられる．

JSA-S1003

— 連絡をしてきた人に対し，会社で定めた本人確認手続を行う．

— 顧客に，保険金・給付金請求内容に応じた手続について説明する．保険代理店から顧客に保険金・給付金請求書類を交付する場合は，顧客に対して，保険金・給付金請求に必要な情報のヒアリングを行う．

— 該当契約の内容を確認するとともに，他の保険契約の有無を確認し，請求可能な他の保険契約がある場合には，当該他の契約についても請求手続が必要かを顧客に確認する．

— 対応した内容を，所定の帳票等に記録する．

— 保険代理店から顧客に保険金・給付金請求書類を交付する場合は，必要書類を準備の上，交付する．

【解　説】

保険金・給付金請求手続の対応としては，まず，連絡をしてきた人が保険金・給付金受取人か否かを確認するために，会社で本人確認手続を規定した上，それを行う必要がある．

次に，顧客に，保険金・給付金請求内容に応じた手続について説明し（保険金・給付金の支払いの判断は保険会社が行うため，保険代理店が保険金・給付金の支払いの可否に関して断定した情報を提供しないように留意する必要がある.），保険代理店から顧客に保険金・給付金請求書類を交付する場合は，顧客に対して，保険金・給付金請求に必要な情報のヒアリングを行う必要がある．

そして，該当契約の内容を確認するとともに，他の保険契約の有無を確認し，請求可能な他の保険契約がある場合には，当該他の契約についても請求手続が必要かを顧客に確認する必要があり，対応した内容を，所定の帳票等に記録することが必要である．

保険代理店から顧客に保険金・給付金請求書類を交付する場合は，速やかに，必要書類を準備の上，交付する必要がある．

【参考例】

保険会社が本人確認の確認項目や確認方法，解約手続の方法等について規定している場合は，それに従う必要があるが，保険会社ごとにルールが異なる場合は，それらを一覧表で整理するなどして，各保険会社のルールを誤らないように管理することが考えられる．

3.3　第二分野の募集業務

3.3.1　権限明示

JSA-S1003

6.3　第二分野の募集業務

6.3.1　権限明示

a) 顧客に対し，次を明示する．

— 所属保険会社等の商号，名称又は氏名，及び取り扱うことができる保険会社の範囲（専属か乗合か，乗合の場合には取り扱える保険会社の数の情報など）．

— 自己が所属保険会社等の代理人として保険契約を締結するか，又は保険契約の締結を媒介するかの別．

— 募集人（代理店）の商号，名称又は氏名．

— 告知受領権の有無．

b) 乗合代理店が比較・推奨を行う場合，いかなる方針で比較・推奨を行うのかを顧客に説明する．

【解　説】 本規格 **6.1.1** の解説（p. 64）を参照．

3.3.2 意向把握

JSA-S1003

6.3.2 意向把握

意向把握を行い，その結果を所定の帳票等に記録する．

a) **意向把握** 次のような顧客の意向に関する情報を把握する．

— どのような分野の補償を望んでいるか（自動車保険，火災保険などの保険の種類）．

— 顧客が求める主な補償内容．

意向の把握に当たっては，例えば，次のような情報が考えられる．

・ 自動車保険については，若年運転者不担保特約，運転者限定特約，車両保険の有無など

・ 火災保険については，保険の目的，地震保険の付保の有無など

・ 海外旅行傷害保険については，補償の内容・範囲，渡航者，渡航先，渡航期間など

・ 保険期間が1年以下の傷害保険については，補償の内容・範囲など

— 補償期間，保険料，保険金額に関する範囲の希望，及び優先する事項がある場合はその旨

【解　説】 本規格 **6.1.2 a)**, **b)** の解説（p. 70）もあわせて参照.

監督指針Ⅱ-4-2-2(3) は，以下のように規定している.

監督指針Ⅱ-4-2-2　保険契約の募集上の留意点

(3)　法第294条の2関係（意向の把握・確認義務）

保険会社又は保険募集人は，法第294条の2の規定に基づき，顧客の意向を把握し，これに沿った保険契約の締結等の提案，当該保険契約の内容の説明及び保険契約の締結等に際して，顧客の意向と当該保険契約の内容が合致していることを顧客が確認する機会の提供を行っているか.

①　意向把握・確認の方法

意向把握・確認の方法については，顧客が，自らの抱えるリスクやそれを踏まえた意向に保険契約の内容が対応しているかどうかを判断したうえで保険契約を締結することを確保するために，取り扱う商品や募集形態を踏まえ，保険会社又は保険募集人の創意工夫による方法で行っているか.

具体的には，例えば，以下のア.からエ.のような方法が考えられる.

ア．保険金額や保険料を含めた当該顧客向けの個別プランを説明・提案するにあたり，当該顧客の意向を把握する．その上で，当該意向に基づいた個別プランを提案し，当該プランについて当該意向とどのように対応しているかも含めて説明する.

その後，最終的な顧客の意向が確定した段階において，その意向と当初把握した主な顧客の意向を比較し，両者が相違している場合にはその相違点を確認する.

さらに，契約締結前の段階において，当該意向と契約の申込みを行おうとする保険契約の内容が合致しているかどうかを確認（=

「意向確認」）する．

（略）

（注 3）　自動車や不動産購入等に伴う補償を望む顧客に係る意向の把握及び説明・提案については，顧客自身が必要とする補償内容を具体的にイメージしやすく，そのため意向も明確となることから，主な意向・情報を把握したうえで，個別プランの作成・提案を行い，主な意向と個別プランの比較を記載するとともに，保険会社又は保険募集人が把握した顧客の意向と個別プランの関係性をわかりやすく説明することが考えられる．

（略）

②　意向把握・確認の対象

例えば，以下のような顧客の意向に関する情報を把握・確認しているか．

（略）

イ．第二分野の保険商品について

（注）上記イ．に該当する保険商品は，第二分野の保険商品のほか，海外旅行傷害保険商品及び保険期間が 1 年以下の傷害保険商品（契約締結に際し，保険契約者又は被保険者が告知すべき重要な事実又は事項に被保険者の現在又は過去における健康状態その他の心身の状況に関する事実又は事項が含まれないものに限る．）を含む．

（ア）　どのような分野の補償を望んでいるか．

（自動車保険，火災保険などの保険の種類）

（イ）　顧客が求める主な補償内容

（注）意向の把握にあたっては，例えば，以下のような情報が考えられる．

・自動車保険については，若年運転者不担保特約，運転者限

定特約，車両保険の有無など
・火災保険については，保険の目的，地震保険の付保の有無など
・海外旅行傷害保険については，補償の内容・範囲，渡航者，渡航先，渡航期間など
・保険期間が1年以下の傷害保険については，補償の内容・範囲など

（ウ）　補償期間，保険料，保険金額に関する範囲の希望，優先する事項がある場合はその旨

監督指針Ⅱ-4-2-2(3)①ア.（注3）で，第二分野の保険商品（「自動車や不動産購入等に伴う補償」）の意向把握の方法を示している．

また，監督指針Ⅱ-4-2-2(3)②で，把握・確認すべき顧客の意向に関する情報が示されている．

JSA-S1003

b）　結果の記録　具体的な保険商品の提案前に，提案する保険会社又は商品を検討するために顧客の意向を把握するケースなど，保険会社所定の帳票とは別に，代理店独自のアンケートなどの帳票によって意向把握を行った場合には，当該意向把握に用いたアンケートなどの帳票を保存することが望ましい．

【解　説】　本規格**6.1.2 a**)，**b**）の解説（p. 70）もあわせて参照．

PDCAサイクルにおける“C”“A”としては，コンプライアンス責任者による点検や内部監査責任者による監査等で，所属募集人が意向把握プロセスを遵守しているかの検証を行うことも含まれ，そのために，意向把握の経緯に関する記録が必要である．また，意向把握帳票や面談記録（折衝記録）等は，後日，顧客から苦情等の申立てがありトラブルとなった場合に，当該募集人の募集の適切性を裏付ける（つまり，募集人・代理店が自らを守る）重要な資料となる

という意義もある．

そこで，具体的な保険商品の提案前に，提案する保険会社又は商品を検討するために顧客の意向を把握するケースなど，保険会社所定の帳票とは別に，代理店独自のアンケートなどの帳票によって意向把握を行った場合には，当該意向把握に用いたアンケートなどの帳票を保存することが望ましい．

3.3.3　保険プランの提案及び比較・推奨

JSA-S1003

6.3.3　保険プランの提案及び比較・推奨

保険プランの提案及び比較・推奨は，次による．

a)　顧客の意向に沿った保険プランを提案し，当該プランの内容と顧客の意向との関係性について，説明する．

b)　（乗合代理店の場合）顧客に対し，複数の保険会社の商品を提案し，契約内容を比較する場合は，顧客が自身の意向に沿った商品を選択できるように，提案する全ての商品の比較事項を偏りなく説明する．

c)　（乗合代理店の場合）取扱商品の中から，特定の保険会社の商品を選別して提案する場合は，推奨した商品をどのように選別したのか，その理由を説明する．

d)　（乗合代理店が比較・推奨を行った場合）商品を絞り込んだ理由・決定理由について所定の帳票等に記録する．

【解　説】　本規格 **6.1.3** の解説（p. 76）を参照．

3.3.4　商品説明

JSA-S1003

6.3.4　商品説明

契約のしおり，パンフレット，チラシなどを使用し，顧客の意向を踏まえて適切な保険商品を提案する．

【解　説】 本規格 **6.1.4** の解説（p. 79）を参照.

3.3.5 重要事項説明

JSA-S1003

6.3.5 重要事項説明

契約に際しての重要事項（“契約概要”，“注意喚起情報” など）を説明する.

【解　説】 本規格 **6.1.5** の解説（p. 80）を参照.

3.3.6 契約締結

JSA-S1003

6.3.6 契約締結

顧客に意向を確認し，提案内容への納得を得た上で，保険契約の締結は，次による.

a) 告知事項に該当する項目の内容及び告知の重要性を顧客に説明の上，顧客から正しい告知を受領する.

b) 申し込もうとする内容が，それまでに把握した顧客の意向に沿っているか，申込書に印字・記入されている内容に不備がないか，申込みに必要となる情報に誤りがないかを確認する.

c) 顧客から，申込書の所定の欄に署名又は記名・押印をしてもらう.

【解　説】 本規格 **6.1.8** の解説（p. 82）もあわせて参照.

募集人は，顧客に意向を確認し，提案内容への納得を得た上で，告知事項に該当する項目の内容及び告知の重要性を顧客に説明の上，顧客から正しい告知を受領し，申し込もうとする内容が，それまでに把握した顧客の意向に沿っているか，申込書に印字・記入されている内容に不備がないか，申込みに必要となる情報に誤りがないかを確認することが必要である．また，顧客から，申込書の所定の欄に署名又は記名・押印をしてもらう必要がある（損保協会“募集コンプライアンスガイド”「2-3　契約締結（告知受領・意向確認）」参照）.

3.3.7　保険料の領収

JSA-S1003

6.3.7　保険料の領収

保険料のキャッシュレス化が進む中，多様な領収方法が考えられるが，それぞれの運用ルールに基づいて手続を実施する.

— キャッシュレスの場合は，支払方法及び保険料支払いのタイミング，1回当たりに振り替える保険料，支払不能の場合の取扱いなどについて，顧客に説明する.

— 保険料を現金又は小切手で領収した場合には，指定の領収書を作成し，預かった保険料は，必ず他の金銭と分けて厳格に扱い，保険会社ごと又は保険商品ごとのルールに基づいて，保険料の精算を行う.

【解　説】

保険料の領収について，キャッシュレスの場合は，募集人は，支払方法及び保険料支払いのタイミング，1回当たりに振り替える保険料，支払不能の場合の取扱いなどについて，顧客に説明する必要がある.

また，保険料を現金又は小切手で領収した場合には，募集人は，指定の領収書を作成し，預かった保険料は，必ず他の金銭と分けて厳格に扱い，保険会社ごと又は保険商品ごとのルールに基づいて，保険料の精算を行う必要がある（損保協会“募集コンプライアンスガイド”「2-4　保険料の領収」参照）.

3.3.8　計　上

JSA-S1003

6.3.8　計上

申込書を取り付けたら，保険会社ごと又は保険商品ごとのルールに基づいて，計上手続を実施する.

— 計上遅れが発生しないように，計上の締め日を考慮の上，管理することが望ましい．
— 保険会社に提出する書類がある場合は，定められた期限までに提出する．
— 不備があった場合には，不備発覚日（対応日），不備発覚の経緯，及び不備に関する顧客又は保険会社とのやり取りの履歴を所定の帳票等に記録することが望ましい．

【解　説】

募集人は，申込書を取り付けたら，保険会社ごと又は保険商品ごとのルールに基づいて，計上手続を実施する必要がある．

計上手続においては，計上遅れが発生しないように，計上の締め日を考慮の上，管理することが望ましい．また，保険会社に提出する書類がある場合は，定められた期限までに提出する必要があり，不備があった場合には，後日の顧客とのトラブル防止等の観点から，不備発覚日（対応日），不備発覚の経緯，及び不備に関する顧客又は保険会社とのやり取り等の履歴を所定の帳票等に記録することが望ましい．

3.4　第二分野の保険契約管理業務

3.4.1　更改手続

JSA-S1003

6.4　第二分野の保険契約管理業務

6.4.1　更改手続

損害保険契約は，1年未満の短期の契約から複数年の長期の契約まであり，保険期間に空白が生まれないように，顧客の意向，環境変化，商品改定などに基づいた提案及び手続を行い，満期日には次の保険証券が届いていることが望ましい．そのために，次の手順に基づいて満期更改の手続を実施することが望ましく，更改手続を実施する場合には，次のとおり更改手続を行い，その一連の対応履歴について所定の帳票等に記録する．ここに規定していない事項については，**6.3** に準じる．

【解　説】

損害保険契約は，1 年未満の短期の契約から複数年の長期の契約まであり，保険期間に空白が生まれないように（無保険状態にならないように），顧客の意向，環境変化，商品改定などに基づいた提案及び手続を行い，満期日には次の保険証券が届いていることが望ましい（損保協会“募集コンプライアンスガイド”「3-2　満期管理・満期案内」参照）．

また，更改手続の適切性の事後検証や更改手続に関する後日のトラブルの防止等のために，更改手続の一連の対応履歴について所定の帳票等に記録する必要がある．

JSA-S1003

a)　満期案内　適切に満期更改を行うために，満期の到来前に，顧客に満期の時期を伝えて，次のとおり満期案内を行う．

— 保険種目，顧客の要望に応じた適切なタイミング・方法で満期案内を行い，更改漏れが発生しないように，満期案内の発送期限及び手順，更改手段，並びに担当者を明確にすることが望ましい．

— 更改データの内容（商品内容，契約方式，支払方法，補償内容など）に変更及び誤りがないかを確認するとともに，現状の契約内容及び保険契約者・被保険者に関する情報を確認することが望ましい．

【解　説】

適切に満期更改を行うために，満期の到来前に，顧客に満期の時期を伝える必要がある．

そして，保険種目や顧客の要望に応じた適切なタイミング・方法で満期案内を行い，更改漏れが発生しないように，満期案内の発送期限及び手順，更改手段，並びに担当者を明確にすることが望ましい．

また，更改データの内容（商品内容，契約方式，支払方法，補償内容など）に変更及び誤りがないかを確認し，現状の契約内容及び保険契約者・被保険者に関する情報を確認することが望ましい．

JSA-S1003

— 連絡がつかない場合は，対応履歴を残した上で保険会社に報告し，協議の上で対応することが望ましく，顧客の確認を取ることなく手続を行わない．

【解　説】

顧客と連絡がつかない場合は，後日のトラブルの防止等のために，対応履歴を残した上で保険会社に報告し，協議の上で対応することが望ましい．

JSA-S1003

— 保険会社から直接満期案内が行われる場合は，案内の時期及び保険の設計内容を把握しておくことが望ましい．

【解　説】

保険会社から直接満期案内が行われる場合は，保険代理店としても顧客対応が適切にできるように，案内の時期及び保険の設計内容を把握しておくことが望ましい．

JSA-S1003

b)　意向把握・ヒアリング　契約を更改するに当たり，最適な保険設計を行うために，満期案内時に顧客の意向，変更事項などについて，次のとおりヒアリングを行うことが望ましい．

— 事前に契約内容を把握し，保険の目的・業務内容・告知事項などの再確認が必要な契約については，あらかじめヒアリング事項を整理し，前年契約時からの変更点（リスクの増減に関わる情報，目的物の変更，免許証の色など）を確認し，告知事項を受領する．

— 顧客の新たな意向又は変更点がある場合，必要に応じて保険料算出に必要なヒアリングをし，確認資料及び各根拠資料を受領する．

c) **更改提案** 顧客の意向に基づいて設計書を作成し，顧客の要望又は保険商品の特性に応じた方法で，次のとおり更改提案を行う．

— 顧客の意向・現状に基づいて設計書を作成し，前年と契約内容などが変わる場合は必ず説明を加え，再度意向把握を行う．

— 保険料の算出根拠及び資料が必要な場合は，あらかじめ情報を取得して見積書を提示することが望ましい．

— 顧客が他社との比較・推奨を希望する場合は，**6.3.3** に基づいて比較・推奨を行う．

【解 説】

1 既契約を更新（更改）する場合や契約内容を一部変更する場合も，意向把握・意向確認を行う必要があるところ［損保協会“募集コンプライアンスガイド”2-2-1(3)ウ.］，契約を更改するに当たり，最適な保険設計を行うために，事前に契約内容を把握し，保険の目的・業務内容・告知事項などの再確認が必要な契約については，あらかじめヒアリング事項を整理し，前年契約時からの変更点（リスクの増減に関わる情報，目的物の変更，免許証の色など）を確認し，告知事項を受領することが望ましい．また，顧客の新たな意向又は変更点がある場合，必要に応じて保険料算出に必要なヒアリングをし，確認資料及び各根拠資料を受領することが望ましく，保険料の算出根拠及び資料が必要な場合は，あらかじめ情報を取得して見積書を提示することが望ましい．

2 既契約を更新（更改）する場合や契約内容を一部変更する場合の意向把握・意向確認の方法としては，例えば，次のような対応が挙げられる［損保協会“募集コンプライアンスガイド”2-2-1(3)ウ.］．

＜更新（更改）する場合＞

既契約の契約内容を通じて把握した意向に沿って，更新契約の内容を提案し，意向確認を行う．また，契約内容の見直しを行う場合は，個別プランを提案する過程で意向把握・意向確認を行う.

＜契約内容を一部変更する場合＞

変更依頼書の変更箇所を説明し，顧客に変更内容を確認いただく過程で，意向把握・意向確認を行う.

3　既契約を更新（更改）する場合や契約内容を一部変更する場合で，保険契約の締結又は加入の適否を判断するのに必要な情報の内容に変更がある場合には，当該変更部分について説明する必要があり，具体的には，以下のような方法で行う［損保協会“募集コンプライアンスガイド”2-2-5(4)ウ.］.

＜更新（更改）する場合＞

商品改定の内容などについて適切に情報提供を行う観点から，重要事項説明書等を交付しての説明や，更改申込書の変更箇所を示す.

＜契約内容を一部変更する場合＞

変更依頼書の変更箇所を示す等しながら，変更内容を説明する.

4　更新（更改）契約で，顧客が既契約の更新（更改）を希望している場合は，推奨販売に関する説明が求められるものではないが，顧客が他社との比較・推奨を希望する場合は，**6.3.3** に基づいて比較・推奨を行う必要がある.

【参考例】

更改時に，安易に，前年同条件や前契約同条件での顧客提案や顧客の意向確認を行わずに，改めて，顧客のリスク状況等を確認し，その内容に応じた提案を行うことが考えられる.

JSA-S1003

d)　**申込み手続**　郵送募集又は電話募集を行う場合には，保険会社又は保険商品ごとの所定のルール及び要求事項に基づいて手続を行う.

【解　説】

郵送募集又は電話募集を行う場合には，保険会社又は保険商品ごとの所定のルール及び要求事項があることから，これらに基づいて手続を行う必要がある．

JSA-S1003

e)　**更改手続完了の確認**　更改漏れが発生しないように，計上済みかを確認し，更改落ちがある場合は，その理由及び確認相手を把握し，所定の帳票等に記録することが望ましい．

【解　説】

更改落ちがある場合（更改とならなかった場合），その原因として，当該保険代理店のサービスに対する不満等があることも考えられることから，その理由及び確認相手を把握して，所定の帳票等に記録し，その原因等について分析することが望ましい．

3.4.2　変更手続

JSA-S1003

6.4.2　変更手続

契約者から変更手続の依頼があった場合，次のとおり変更手続を行い，その一連の対応履歴を所定の帳票等に記録することが望ましい．損害保険については，顧客の意思にかかわらず，生活環境，経営環境などの変化に応じて保険契約の有効性に変更が生じることから，継続的に保険契約の内容の最適化を図るために，必要な提案を行うとともに，変更があった場合の連絡を依頼することが望ましい．

【解　説】

契約者から変更手続（住所変更，名義変更，契約内容変更，年齢条件変更，車両入替，保険料振替口座変更等）の依頼があった場合，変更手続の適切性の事後検証や変更手続に関する後日のトラブルの防止等のために，変更手続の一連の対応履歴について所定の帳票等に記録することが望ましい．

また，損害保険については，顧客の意思にかかわらず，生活環境，経営環境などの変化に応じて保険契約の有効性に変更が生じることから，継続的に保険契約の内容の最適化を図るために，必要な提案を行うとともに，変更があった場合の連絡を依頼することが望ましい（損保協会“募集コンプライアンスガイド”「3-1　契約内容の変更（異動）・解約」参照）．

JSA-S1003

a）　受付対応

— 連絡をしてきた人に対して，会社で定めた本人確認手続を行い，本人でない場合は，本人との関係を確認し，該当契約及び変更内容を確認する．

— 契約者に，変更内容に応じた手続について説明し，変更手続に必要な情報のヒアリングを行う．

— 該当契約の内容を確認するとともに，他の保険契約の有無を確認し，他の保険契約がある場合には，当該他の保険契約についても変更手続が必要かを契約者に確認する．

— 変更手続に伴い，現契約の補償内容，保険料などに変更が生じる場合，その違いについて説明を行う．

— 契約者から変更の報告が保険会社に入った場合は，内容を確認し，必要に応じてフォローすることが望ましい．

【解　説】

変更手続の受付対応としては，まず，連絡をしてきた人が契約者本人か否かを確認するために，会社で本人確認手続を規定した上，それを行う必要がある．本人でない場合は，本人との関係を確認し，該当契約及び変更内容を確認する必要がある．

次に，契約者に，変更内容に応じた手続について説明し，変更手続に必要な情報のヒアリングを行う必要があり，そして，該当契約の内容を確認するとともに，他の保険契約の有無を確認し，他の保険契約がある場合には，当該他の保険契約についても変更手続が必要かを顧客に確認する必要がある．変更手続に伴い，現契約の補償内容などに変更が生じる場合，契約者に，その変更点について説明を行うことも必要である．

契約者から変更の報告が保険会社に入った場合は，保険代理店としても，その内容を確認し，必要に応じてフォローすることが望ましい．

※【参考例】については，本規格 **6.2.1 a)** の解説（p. 83）を参照．

JSA-S1003

b)　変更手続の実施

— 変更内容に応じて必要な手続を準備し（変更手続書類の準備，追加・返還保険料の見積り，保険会社オンラインシステムの入力など），手続に期日がある場合は，その期日までに必要書類を受領し，手続を行う．保険代理店が準備する手続書類以外に，契約者が提出する書類がある場合には，提出を依頼する．

— 電話にて受付及び完結可能な内容の場合は，電話にて対応する．

— 変更に伴って留意点がある場合，その内容を説明する．

— 変更手続書類を契約者から取り付け，保険会社へ提出するまでの間，会社で定めた場所に保管する．変更手続書類の受領日は，管理簿等に記録することが望ましい．

— 変更手続書類を保険会社へ提出し，提出した手段及び日時を所定の帳票等に記録する．

— 取り付けた書類に不備がある場合，それを解消するための対応を行う．不備対応については，解消期限を設け，当該期限内に解消するよう管理する．

— 不備対応の内容などを所定の帳票等に記録し，その原因について分析することが望ましい．

【解　説】　本規格 **6.2.1 b)** の解説（p. 84）を参照．

3.4.3　解約手続

JSA-S1003

6.4.3　解約手続

契約者から解約手続の依頼があった場合，次のとおり解約手続を行い，その一連の対応履歴，理由などを所定の帳票等に記録する．

【解　説】　本規格 **6.2.2** の解説（p. 86）もあわせて参照．

保険期間中に契約者から保険契約の解約の申し出があった場合には，解約日以降の保険事故による損害は保険金を支払うことができないことや保険料払込方法に応じた解約返戻金などを十分に説明の上，速やかに解約の手続を行う必要がある．

なお，自動車保険では，廃車や譲渡などによる解約において，“中断特則”を利用できる場合があるため，中断特則の説明は，保険契約の締結時だけでなく，解約受付時にも行うことが重要である［損保協会“募集コンプライアンスガイド”3-1(2)イ. 参照］．

JSA-S1003

a）　受付対応

— 連絡をしてきた人に対して，会社で定めた本人確認手続を行う．契約者本人以外からの申出の場合は，保険会社の委任方法に基づいて手続を行う．

— 契約者に解約内容に応じた手続について説明する．契約者に対して，解約に必要な情報のヒアリングを行い，不利益事項の説明を行う．解約の内容によっては，中断証明書の発行又は特約の消滅があるので，丁寧に説明することが望ましい．

— 契約ごとに解約理由，解約日，解約返戻金がある場合には，支払口座などを確認する．

— 事故の全損などによる解約で，顧客からの連絡ではない場合は，変更か解約かを契約者に確認し，必要書類を取り付ける．

— 特に早期解約，クーリングオフの場合には，その原因について分析・類型化して，所定の帳票等に記録をする．

【解　説】 本規格 **6.2.2 a)** の解説（p. 87）もあわせて参照．

解約の内容によっては，中断証明書の発行又は特約の消滅があるので，丁寧に説明することが望ましい．

また，契約ごとに解約理由，解約日，解約返戻金がある場合には，支払口座などを確認する必要がある．

事故の全損などによる解約で，顧客からの連絡ではない場合は，変更か解約かを契約者に確認し，必要書類を取り付ける必要がある．

JSA-S1003

b）解約手続の実施

— 解約処理実行の可否及び処理方法を確認し，必要な手続を準備し（解約手続書類の準備，追加・返還保険料の見積り，保険会社への連絡など），その手続を行う．

— 解約手続書類を契約者から取り付け，保険会社へ提出するまでの間，会社で定めた場所に保管する．解約手続書類の受領日は管理簿等に記録することが望ましい．

— 不備がなければ，保険会社ごとのルールに基づいて，解約の計上を行う．

— 解約手続書類を保険会社へ提出し，提出した手段及び日時を所定の帳票等に記録する．

— 取り付けた書類に不備がある場合，それを解消するための対応を行う．不備対応については，解消期限を設け，当該期限内に解消するよう管理する．

— 不備対応の内容などを所定の帳票等に記録し，その原因について分析することが望ましい．

【解　説】 本規格 **6.2.2 b)** の解説（p. 89）を参照．

3.4.4 未収・失効対応

JSA-S1003

6.4.4 未収・失効対応

契約者からの支払い保険料が未納になった場合，又は未納によって契約が失効になった場合，次のとおり未収・失効対応を行い，その一連の対応履歴，理由などを所定の帳票等に記録する．

a) 契約者への連絡

— 保険会社から提供される未納及び失効契約情報を確認し，契約者に連絡する．

— 未納契約者に対しては，支払い保険料が未納であった旨の連絡をするとともに，今後の支払いができなかった場合には保険契約が失効となること及びそのデメリットを伝え，未納保険料の支払いの対応を依頼する．

— 初回保険料未納者に対しては，未納になった理由を顧客に確認し，通常の未納と区別がつくように所定の帳票等に記録することが望ましく，未納理由は，類型化し，所定の帳票等に記録・分析することが望ましい．

— 失効契約者に対しては，保険契約が失効した旨の連絡をし，復活又は解約のいずれの意向であるかを確認する．

— 保険会社が定める早期失効に該当する場合，当該保険会社の求める対応を行う．

— 保険代理店が定めた早期失効の場合には，通常の失効と区別がつくように，所定の帳票等に記録し，その原因を分析する．

b) 解約・復活手続

— 契約者が失効した契約の解約を希望する場合は，解約手続を実施する．

— 失効した保険契約が復活可能で，契約者が復活を希望する場合，復活手続を準備し（書類の準備，追徴保険料の見積り，保険会社への連絡など），その手続を行う．

— 解約・復活に伴って留意点がある場合，その内容を説明する．

【解　説】 本規格 **6.2.3** の解説（p. 91）を参照.

3.4.5　事故対応

JSA-S1003

6.4.5　事故対応

顧客から事故の報告があった場合，次のとおり事故対応を行い，その一連の対応履歴及び内容を所定の帳票等に記録する.

【解　説】

保険事故が発生した場合には，契約者等の最大のニーズは“早期解決”である．事故発生時の初期対応から保険金支払いまでの援助を“迅速”かつ“丁寧”に行うことにより，契約者等の不安の解消に努めることが重要である．保険事故発生時の対応が契約者等からの信頼を獲得することにつながる.

また，迅速に保険金を支払うためにも，保険代理店は，契約者等から事故の報告を受けた場合や保険金請求書類を預かった場合には，速やかに保険会社へ報告・提出することが重要である［損保協会“募集コンプライアンスガイド”3-3(1)，(2)イ.］.

適切な事故対応を行うため，事故対応に関する業務ルールを策定し，あらかじめ契約者等に周知しておく事項を定めたり，契約者等からの事故通知に対する受付の仕方や保険金が支払われるまでのフォローアップの内容を明確に定めておくなど，対応要領を確立させ，代理店内で徹底しておくことが重要である［損保協会“募集コンプライアンスガイド”3-3(3)］.

さらに，事故対応の適切性の事後検証や事故対応に関する後日のトラブルの防止等のために，事故対応の一連の対応履歴について所定の帳票等に記録する必要がある.

JSA-S1003

a）　受付対応

―　連絡をしてきた人に対して，会社で定めた本人確認手続を行い，本人でない場合は，その関係を確認した上で受付を行う．
— 該当契約の確認を行い，保険会社ごと，保険種目ごとに定められた受付方法に基づいて，顧客に事故日，事故内容などの必要な事項のヒアリングを行い，事故内容に応じた手続について説明する．
— 該当契約の内容を確認するとともに，他の保険契約の有無を確認し，請求可能な他の保険契約がある場合には，当該他の契約についても請求手続が必要かを顧客に確認する．

【解 説】

事故の受付対応としては，まず，連絡をしてきた人が契約者本人か否かを確認するために，会社で本人確認手続を規定した上，それを行う必要がある．本人でない場合は，本人との関係を確認する必要がある．

そして，保険会社ごと，保険種目ごとに定められた受付方法に基づいて，顧客に事故日，事故内容などの必要な事項のヒアリングを行い，事故内容に応じた手続について説明し［損保協会“募集コンプライアンスガイド”3-3(2)イ．参照］，該当契約の内容を確認して，他の保険契約の有無を確認し，請求可能な他の保険契約がある場合には，当該他の契約についても請求手続が必要かを顧客に確認する必要がある．

JSA-S1003

— 顧客が事故の対応について支援を求める場合は，必要に応じてアドバイスを行うことが望ましい．

【解 説】

顧客が事故の対応について支援を求める場合は，必要に応じてアドバイスを行うことが望ましい．ただし，保険金支払いは保険会社の固有業務であり，保険代理店は，支払責任の有無や保険金の支払額について判断してはならない点に留意が必要である［損保協会“募集コンプライアンスガイド”3-3(2)イ．］．

JSA-S1003

— 保険会社に直接事故報告が入った場合には，内容を把握し，必要に応じて顧客のフォローを行うことが望ましい．

【解　説】

保険会社に直接事故報告が入った場合は，保険代理店としてもその内容を把握し，必要に応じて顧客のフォローを行うことが望ましい．

JSA-S1003

— 事故時に連絡がつかないなどで顧客に不便がないように，あらかじめ事故時の連絡先を明示しておくことが望ましい．

【解　説】

事故時に連絡がつかない場合，迅速な事故対応に支障が出るおそれもあることから，あらかじめ事故時の連絡先を明示しておくことが望ましい．

JSA-S1003

b)　保険会社への報告

— 保険会社ごとに指定する事故受付ルールに基づいて，事故受付票を作成する，又は，オンライン入力を行い，保険会社に報告を入れる．

— 事故の内容が正しく伝わるように正確に事故受付票を作成し，恣意的な情報の操作は行わない．

— 必要に応じて保険会社ごとに事故対応の打合せを行い，手続の進め方，対応方針を確認し，保険金支払いに必要な書類及び資料を確認することが望ましい．

【解　説】

保険代理店は，保険会社ごとに指定する事故受付ルールに基づいて，事故受付票を作成する，又は，オンライン入力を行い，保険会社に報告を入れる必要があり，事故の内容が正しく伝わるように正確に事故受付票を作成し，恣意的な情報の操作は行わないよう留意が必要である．

また，保険代理店は，事故の早期解決等のため，必要に応じて保険会社ごとに事故対応の打合せを行い，手続の進め方，対応方針を確認し，保険金支払いに必要な書類及び資料を確認することが望ましい．

JSA-S1003

c)　情報の共有

— 発生した事故の状況及び事故対応の進捗については，適宜把握して所定の帳票等に記録し，保険会社及び社内で共有するとともに，必要に応じて顧客に報告することが望ましい．

— 事故状況及び保険内容に基づいて対応方針を協議し，必要な書類及び対応の確認を行うことが望ましい．

— 必要に応じて顧客へ事故の対応方針，手続の進め方，保険金請求書の記入方法などについてフォローを行い，書類を受領する．

【解　説】

顧客の不安の解消のため，また，迅速な保険金の支払い等のため，発生した事故の状況及び事故対応の進捗については，適宜把握して所定の帳票等に記録し，保険会社及び社内で共有するとともに，必要に応じて顧客に報告することが望ましく，事故状況及び保険内容に基づいて対応方針を協議し，必要な書類及び対応の確認を行うことが望ましい．また，必要に応じて顧客へ事故の対応方針，手続の進め方，保険金請求書の記入方法などについてフォローを行い，書類を受領する必要がある．

JSA-S1003

— 支払額が確定した場合は，顧客に支払額について確認し，現契約又は保険料への影響などを考慮して，保険を使うか否かを確認することが望ましい．

【解　説】

保険金が支払われると，現在の保険料より翌年の保険料が高くなることがあり，特に支払われる保険金が少額の場合は，受け取る保険金額よりも上がる保険料の金額のほうが高くなることもあるため，保険金の支払額が確定した場合は，顧客に支払額について確認し，現契約又は保険料への影響などを考慮して，保険を使うか否かを確認することが望ましい．

JSA-S1003

— 他代理店又は他保険会社にて，支払い漏れ又は請求漏れがないかを顧客に確認することが望ましい．

【解　説】

顧客本位の観点からは，他代理店又は他保険会社にて，支払い漏れ又は請求漏れがないかを顧客に確認することが望ましい．

参考資料　保険代理店経営・保険提案のあり方

執筆・文責　松本一成

参考資料　保険代理店経営・保険提案のあり方

保険代理店が“JSA-S1003：2021　保険代理店サービス品質管理態勢の指針”（以下，本規格という.）を活用する目的は，顧客本位の業務運営を実施し，お客様へのサービス品質を高め，企業としての価値を高めていくことにある．そして，そのためには本規格に基づいてルールを作成するだけではなく，それを現場において実践し，お客様に最適な提案を行い，永続的なサービスとして提供することが必要である．ここでは，本規格を実務で活かすために，以下の5つのテーマについて説明する．

1　顧客本位の業務運営の本質と実践

保険代理店における顧客本位の業務運営とは何なのか？　求められる本質を考え，実践するためのヒントを提供する．

2　マネジメント（経営管理）：計画やルールの実践

組織に理念や価値観を落とし込み，計画やルールを実践し，結果を残していくためにはマネジメントのノウハウが必要である．

3　ストラテジー（経営戦略）：永続的な存続・発展

お客様に永続的にサービスを提供するには，保険業界の環境変化に適切に対応し，存続・発展するための戦略が必要である．

4　リスクマネジメント（品質維持）：自社のサービス品質の維持

平時に適正な業務運営ができていても，サービス品質の安定性を確保するための組織や有事の際に品質を維持できる態勢構築が必要である．

5　リスクコンサルティング（品質向上）：お客様への最適提案

本規格に基づいて募集を行っても，最終的にお客様に最適な提案を行うには，リスクコンサルティングの視点やノウハウが必要である．

ここでは，保険代理店が顧客本位の業務運営を実践するために必要と考えられる経営や業務に関するヒントを一つの考え方として提供する．

1　顧客本位の業務運営の本質と実践

1.1　顧客本位の業務運営とは？

2017 年に金融庁が「顧客本位の業務運営に関する原則」を公表するなど[*1]，保険代理店は従来のルールベースにとどまらず，ベストプラクティスを目指すためのプリンシプルベースの業務運営を行うことが求められている．

しかし，長きにわたり，保険会社の指導に基づき，ルールベースで業務を行ってきた保険代理店にとっては，プリンシプルベースで自社の規模・特性に応じたルールを独自に策定し，能動的にガバナンス態勢を構築することは困難を伴うものと想定される．そのため，「顧客本位の業務運営に関する原則」に基づいた業務運営を行うために，最初にそれぞれの原則を保険代理店に当てはめ，その本質を理解するヒントを提供する．保険会社や保険代理店ごとにいろいろな考え方があると思われるが，一つの考え方として参考にしていただければ幸いである．

【顧客本位の業務運営に関する方針の策定・公表等】

原則 1　金融事業者は，顧客本位の業務運営を実現するための明確な方針を策定・公表するとともに，当該方針に係る取組状況を定期的に公表すべきである．当該方針は，より良い業務運営を実現するため，定期的に見直されるべきである．

保険代理店は顧客本位の業務運営を実践するために，自社の理念やビジョン・戦略等を踏まえた，規模・特性に応じた方針を定めて公表する必要がある．

[*1] 2021 年 1 月に一部改訂（https://www.fsa.go.jp/news/r2/singi/20210115-1/02.pdf）

また，それらの達成状況を把握するためのKPIを設定し，絶えず自社の取組状況やその成果について確認を行うとともに，それを社内外のステークホルダと共有することでステークホルダの満足度を高め，更なる期待値の向上や従業員のモチベーションアップにつなげることが必要である．そして，安定的なサービス品質を維持するためには，様々な経営環境の変化に対応して見直しを行うとともに，地震や台風，従業員の離脱や事業承継等の有事においても柔軟に対応できるように，組織化を進めるとともにBCP等を作成すること等が求められる．

【顧客の最善の利益の追求】

> **原則２**　金融事業者は，高度の専門性と職業倫理を保持し，顧客に対して誠実・公正に業務を行い，顧客の最善の利益を図るべきである．金融事業者は，こうした業務運営が企業文化として定着するように努めるべきである．

保険代理業者は，保険商品という非常に複雑な金融商品を扱うため，お客様との間に大きな情報ギャップが存在する．また，保険の販売は事故が起きなければ適切であったか否かの検証が行いにくいという特性がある．そのため，適切な提案を行うためには，保険の商品内容はもちろんのこと，リスクや財務に関する知識が必要不可欠であり，倫理観を持ってお客様のために最適な提案を心がける必要がある．

また，特に損害保険においては，どれだけ沢山の保険料を払っていても，保険金を受け取る事態にならないことが最善であるという特徴がある．保険代理店は有事を想定して，お客様に保険提案を行うが，できる限り保険金を受け取る事態にならないほうがよいという矛盾を抱えた金融商品であり，支払った保険料に対していくらの保険金を受け取ったかという損得勘定で利益を追求するものではないことを理解する必要がある．そのため，保険代理店にとって顧客の最善の利益とは何かという価値観や考え方を社内文化として醸成することが必要である．

【利益相反の適切な管理】

原則 3 金融事業者は，取引における顧客との利益相反の可能性について正確に把握し，利益相反の可能性がある場合には，当該利益相反を適切に管理すべきである．金融事業者は，そのための具体的な対応方針をあらかじめ策定すべきである．

保険代理店の手数料は，販売する商品や商品を提供する保険会社によって異なるため，同様の保障・補償内容でも販売する商品によって手数料が異なる．また，基本的にお客様が負担する保険料が大きくなればなるほど手数料が大きくなるため，自ずとお客様の利益と保険代理店の利益には相反関係が生まれることになる．そして，保険代理店とお客様の間には非常に大きな情報ギャップがあることから，保険代理店側が主導権を持って販売手数料の高い商品や保険料の高い商品に誘導することが可能な立ち位置にあることを認識する必要がある．その上で，真にお客様に最適な商品提供ができるような方針や価値観を組織内において共有し，教育・研修及びルール作りを行い，その徹底とともにチェック機能を発揮することが求められる．

【手数料等の明確化】

原則 4 金融事業者は，名目を問わず，顧客が負担する手数料その他の費用の詳細を，当該手数料等がどのようなサービスの対価に関するものかを含め，顧客が理解できるよう情報提供すべきである．

保険の価値は，未来の不確実性に対して一定の金銭を受け取る権利であるため，保険事故が発生して保険金等を受け取らない限り，お客様にはその価値が伝わりにくく，実際には事故が起こらないことが最善であるという特徴がある．

また，保険代理店の手数料にはアフターフォローや事故対応等の業務に対する対価も含まれているが，それらの業務の価値の判断は困難である．そのため，手数料に関する情報提供は非常に難しい問題であり，だからこそ保険代理店は提案に際してはしっかりとヒアリングを行い，お客様のリスク環境や財務状況，将来の夢やビジョン等に基づいた適切な提案を行い，お客様に納得して保険に入っていただく必要がある．そして，お客様にそのプロセスに手数料に値する価値があったと判断いただけるよう，「お客様が感じる価値」と「いただいている手数料」のバランスを取ることが必要である．また，一方において保険代理店は時間コスト（人件費率）が高い業務であるため，募集人が自分の1時間当たりの単価を把握し，その単価に見合った価値をお客様に提供しているかという視点を持つことは，顧客本位と自社経営を両立させるために重要である．保険代理店は，自分の生活や自社の健全な経営を維持するために時間に値段を付け，その値段に見合った価値をお客様に提供することが求められる．

【重要な情報の分かりやすい提供】

原則5　金融事業者は，顧客との情報の非対称性があることを踏まえ，上記原則4に示された事項のほか，金融商品・サービスの販売・推奨等に係る重要な情報を顧客が理解できるよう分かりやすく提供すべきである．

保険代理店はお客様に納得感を持って保険に入っていただくために，提案する商品の内容や選択理由をしっかりと伝える必要がある．しかしながら，対象となるリスクや提案する保険商品によって複雑さが異なり，更にお客様の経験値や理解力・知識も異なる．一つの保険商品を説明するにしても，商品のどの部分を強調し，優先順位を付けて伝えるべきかをケースバイケースで考える必要がある．また，保険商品がカバーするリスクについて，将来起こり得る全ての事故事例を挙げるわけにはいかない（例えば，全ての自動車事故の事例を挙げることは不可能である．）中で，どのようなケースで役に立つ保険であるかを伝えることは容易ではない．だからこそ，保険代理店は商品の持つ特性（リスクや複雑さ）に応じた説明や，お客様の知識や理解力に応じた柔軟な対応を行い，お客様の正しい理解を通したサービス提供を行うことが必要である．特にパッケージ商品や特約については，保障・補償内容が多岐にわたる上，他の契約と保障・補償が重複する可能性があるため，注意が必要となる．

【顧客にふさわしいサービスの提供】

> **原則 6**　金融事業者は，顧客の資産状況，取引経験，知識及び取引目的・ニーズを把握し，当該顧客にふさわしい金融商品・サービスの組成，販売・推奨等を行うべきである．

ルールに基づいた正しい募集活動を行ったとしても，お客様の財務状況やリスク状況を把握できていなければお客様にふさわしい保険提案を行うことは困難である．そのため，保険代理店はプロフェッショナルとして必要なコミュニケーション能力を身に付けることでお客様の情報を把握し，最適な保険設計を行うことが求められる．また，お客様のライフプランやビジョン等の達成のためには，一つのリスクに一つの保険という部分最適ではなく，個人や企業を取り巻くリスクの全体像を把握し，全体最適を導くことが必要である．保険金を受け取る事態にならないことがベストであるという商品の特性上，リスクコントロール対策を優先させる等，必要に応じて保険以外の選択肢を提案する必要があることも認識しなければならない．

【従業員に対する適切な動機づけの枠組み等】

> **原則 7**　金融事業者は，顧客の最善の利益を追求するための行動，顧客の公正な取扱い，利益相反の適切な管理等を促進するように設計された報酬・業績評価体系，従業員研修その他の適切な動機づけの枠組みや適切なガバナンス体制を整備すべきである．

顧客本位の業務運営に向けた経営理念等を現場で実践するに当たっては，個々の従業員の力量に依拠するだけでは不十分であるが，会社としてどれだけ厳格なルールを策定しても，従業員にその本質の理解やルールを遵守する姿勢や意識がなければ意味がない．実際には，社外で行われている顧客開拓や提案のプロセスを全て把握することは困難であるため，最終的には個々の募集人の倫理観やコンプライアンス意識に委ねる必要がある．そのためにもルールの本質を正しく理解するための教育・研修や率先してガバナンス態勢の構築を行う動機づけが必要である．また，どれだけ意識づけを行っても，過度に量的な評価や売上に連動した歩合給的な要素が多いと，顧客の利益より自分や自社の利益を優先したり，特定の顧客に特別の利益の供与を行ったり，利益相反となる行動を誘引することになる．品質やマネジメント，ガバナンスの機能，コンプライアンス遵守等の必要性をしっかりと認識させた上で，それらを評価項目に組み込む等の工夫も必要と考えられる．

1.2　顧客本位の業務運営を実行するために

顧客本位の業務運営を実行するために，まずは本規格の内容に基づいて，自社の規模・特性に応じたルールや業務フローを作成することになるが，大切なのは，実際に策定したルールや計画をしっかりと組織に定着させ，品質や価値につなげていくための「マネジメント（経営管理）」，健全な経営を維持して長期的にお客様をサポートするための「ストラテジー（戦略）」，有事においても安定的なサービスを維持するための「リスクマネジメント」，お客様への最適提案に必要不可欠となる「リスクコンサルティング」であり，以下，それぞれの概要を記載し，具体的な内容説明を行う．

(1)　マネジメント（経営管理）

本規格に基づいてルールを作成しても，会社の理念やビジョン等に基づき，自社の戦略に即していなければ浸透しないと考えられる．また，ルールの浸透が経営計画に組み込まれ，適切な教育研修を行うとともに，コミュニケーションを通して進捗管理ができなければ，最終的に価値を生み出し，結果を残すことは困難である.

(2)　ストラテジー（経営戦略）

顧客本位の永続的なサービスを提供するには，保険代理店が健全な経営を行い，存続・発展することが求められる．昨今の保険業界を取り巻く環境変化を考えると，経営者自身が適切に環境変化に対応し，独自の戦略に基づいて経営資源の構築や人材の育成を行い，競合他社との差別化を図ることが求められる.

(3)　リスクマネジメント（安定的なサービス提供）

保険代理店のサービスは，人が提供し，有事にその機能を発揮するという特性がある．平時に素晴らしいサービスを提供できても，有事の際（災害発生時や担当者の離脱時等）に安定的に顧客本位のサービスを提供できなければその価値は発揮できない．つまり，保険代理店は地震や水災等によって自社が被災している状況下においても，担当者が事故で職場を離れていても，安定的にサービス品質を維持できる体制作りが必要となる.

(4)　リスクコンサルティング（お客様を守るために）

意向把握義務，情報提供義務，体制（態勢）整備義務を形式的に果たして募集を行っていたとしても，最終的にお客様にとって最適な保険を提案しなければ意味がない．保険はリスクマネジメントの手段であり，財務リスクの移転手法であるため，保険の最適提案にはリスクや財務の知識が必要不可欠である．そして，リスクに適切に対応してお客様のライフプランや企業のビジョン達成を支援するためには，保険販売業からリスクコンサルティング業に進化することが求められる.

2　マネジメント（経営管理）（図 2.1 参照）

マネジメントとは，組織の構成員に共通の目的と価値観を持たせ，役割分担と人材育成を通じて組織に成果を上げさせることであり，一貫して属人的な営業力を磨いてきた保険代理店にとっては困難な取組みである．保険代理店の組織化が求められる中で，マネジメントは保険代理店経営者が向き合うべき重要

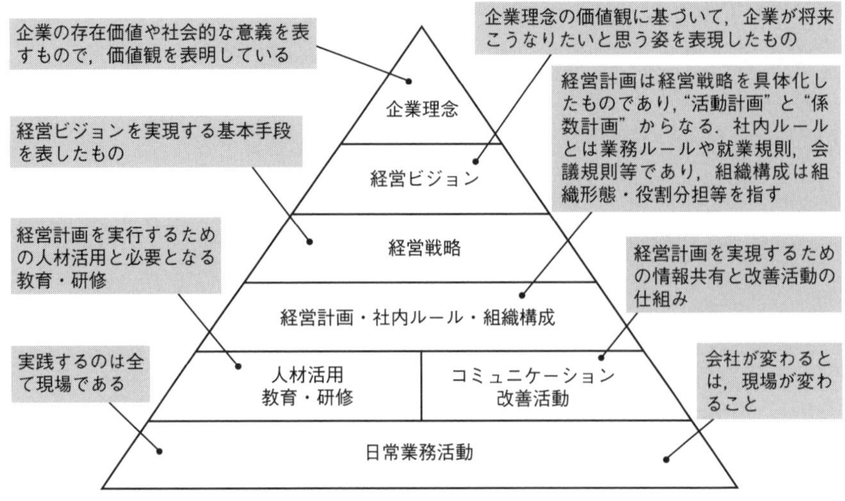

図 2.1　マネジメントシステム

な課題である．マネジメントの役割は人を活かすことによって，企業としての目的や使命を追求し，企業としての社会的責任を果たすことであるが，それらを実践するためは，一人ひとりの保険募集人が個人事業主の発想から脱皮し，組織人（経営者・管理者を含む）としての在り方を追求することが求められる．

2.1　組織化・企業化・金融事業者化の必要性

保険代理店の組織化・企業化・金融事業者化の必要性は以下のとおりである．

(1)　**組織化**　顧客本位の業務運営を長い時間軸で実践し，役割分担によって相乗効果を発揮してサービス品質を高め，組織としてお客様と向き合うことが求められる．

(2)　**企業化**　企業としての社会的責任を果たし，永続的にサービスを提供するために，理念やビジョンを設定し，明確な戦略と計画を策定して利益を上げることが必要である．

(3)　**金融事業者化**　情報の非対称性に基づいた目に見えないサービス

を提供する金融事業者であることを自覚し，相応のリスク管理体制を構築することが必要である．

2.2　企業理念・ビジョン・戦略

企業の目的は理念とビジョンの達成であり，そのために全ての意思決定を理念とビジョンに基づいて行い，経営環境に応じた戦略を構築することが必要である．保険代理店は経営環境が大きく変化する中で，意思決定の道標となる理念やビジョンの明確化とその達成のために必要な戦略を構築することが求められる．

(1)　経営理念の設定と浸透

・**定義**　組織の存在意義や使命を普遍的に表した基本的価値の表明
・**効果**　自社の存在意義や基本的な考え方を内外に伝えて共有化したり，従業員に対して行動や判断の指針を与える．従業員の働くインセンティブや組織の求心力にもつながり，企業文化を形成する要素となる．

経営理念は経営者や従業員が意思決定に際して最も大切にすべき視点であり，理念に基づかない意思決定や行動・言動は企業活動と理念とのギャップを生み出し，リスクとなる．そのため，募集人一人ひとりの正しい意思決定を導くために，理念の浸透は非常に重要である．

保険業法や社内ルール等を組織に浸透させて遵守するには，ルールが自社の目的達成や，理念と価値観に基づく必要がある．理念は会社の核であり，健全な経営を行うためには，自社がどのような理念や価値観に基づき，何を目的に経営を行っているのかを明確に示し，そのためにやるべきことを整理することが必要である．金融事業者である保険代理店においてコンプライアンスやガバナンス態勢の構築は，事業を行う上で，またお客様へのサービス品質を確保する上で必要不可欠である．個々の募集人は仕事に対して思いと誇りを持ち，日々その矜持に基づいて活動をしているが，それを組織として実践するためには，理念として明文化し，社内メンバー及びステークホルダと共有することが必要である．これからの保険代理店に組織化が必要不可欠である以上，組織の根幹である経営理念を明確化し，その上で理念に共鳴する従業員や仲間を増やしていくことが必要である．

(2)　ビジョンの設定と浸透

- **定義**　経営理念のもと，自社の目指す将来の具体的な姿を，従業員や顧客や社会に対して表したもの
- **効果**　社会性を持ったビジョンは多くのステークホルダや社会の共感と支援を導き出し，企業の成長に際して組織の求心力となる．

企業は自社のビジョンを達成するために，戦略や計画を立てるが，実践するのは一人ひとりの役員・従業員であり，ビジョン達成を意識した意思決定や行動・言動が必要不可欠である．また，ビジョン達成のためには，ステークホルダや社会からの支援が必要であるが，そのためには広く社会やステークホルダから支持されるようなビジョンの設定が必要となる．つまり，ビジョンの達成には，従業員の納得感やステークホルダのメリット，広く社会の共感を生むことが重要である．

従来の保険代理店は，保険会社との緊密な関係の中で「キャンペーン入賞」等のように，特定のステークホルダに偏った時間軸の短い目標設定を行うこともあったと思われるが，本来は幅広いステークホルダを意識し，長い時間軸でビジョンを描き，それを言語化することで自社ブランドを構築することが必要である．そして，金融事業者である以上，そこには当然ガバナンスの視点が必要であり，全社を挙げてビジョン達成のためにガバナンス態勢を構築する，一丸となった取組みが重要である．

(3)　経営戦略

どれだけ素晴らしい理念やビジョンを掲げても，経営を取り巻く環境や自社

の組織力や強み・弱みに基づいた適切な戦略がなければ，その達成は困難である．経営戦略は理念とビジョンを具現化するための方法論であり，戦略を明確化することは向かうべき方向性を社内で共有する道標となるが，戦略を間違えてしまうと組織は誤った方向へ邁進し，衰退・廃業への道を歩むことになる．

経営戦略は一般に「全社戦略」と「事業戦略」の二つのレベルに分けられるが，「事業戦略」は組織内の特定の事業や業務に関する戦略であり，営業推進や事務効率化といった機能分野別の戦略やマーケット別の戦略等が含まれる．一方「全社戦略」とは，個々の事業戦略より高いレベルで行うもので，保険代理店として，自社の目的達成のために，どのマーケットに何を提供し，どのように持てる経営資源を配分するかを選定することである．経営戦略には「ドメイン戦略」「競争戦略」「資源戦略」等があるが，それらの詳細は「3　ストラテジー（戦略）」において別途説明する．

2.3　経営計画・社内ルール・組織構造の策定

素晴らしい理念やビジョンを掲げ，適切な戦略を策定しても，それらが現場の業務や意思決定に組み込まれ，実践されなければ意味がない．経営計画・社内ルール・組織構造は，理念・ビジョンと現場をつなぐ役割を担っており，保険代理店の規模・特性に応じて適切に作成・運用されることが重要である．

(1)　経営計画

経営計画は経営戦略を具体化し，数値や活動スケジュールに落とし込んだ「係数計画」と「活動計画」からなっており，経営計画を策定・共有することで，目標達成のために組織としてやるべきことや一人ひとりの役割分担や目標値が明確になり，全社一丸の気風が生まれ，組織の結束を高めることにもつながる．企業が存続・成長し続けるためには，再現性のあるビジネスモデルの構築が必要であり，具体的な計画を立てて実践することで，偶然ではなく必然の結果を導くことが重要である．また，経営計画の策定は未来を予測することにつながり，リスク（様々な環境変化や投資の必要性等）を認識し，リスクへの迅速な対応も可能にする．しかし，大切なのは従業員が経営計画を受け入れ，高いモチベーションを持ってそれぞれの役割を遂行することで，計画や目標を達成することである．そのためには，経営計画を達成する意義や目的を共有し，従業員が自分自身の役割や存在意義を認識して，責任感を持って業務を遂行することが自分自身の成長や会社の発展につながることをイメージさせることが大切である．なお，経営計画には計画を狂わせるリスクの視点を織り込み，経営計画の達成確率を上げていくことが重要であるが，そのことについては「5 リスクコンサルティング」にて詳しく説明する．

(2)　社内ルール

ここでの社内ルールには，会社の規模・特性に基づいて作成された業務ルールや就業規則，会議規則等とともに関連する法令等を含むが，いずれも従業員が遵守することが会社の目的達成につながることを明確に伝え，イメージさせることが重要である．具体的には，「保険代理店が顧客本位の業務運営を理念として掲げるのであれば，そのためにどのような業務フローに基づいて業務を行うのか？」，「ビジョンとして従業員満足度 No. 1 を目指すのであれば，どのような就業規則や賃金規程を策定するのか？」，「社内の様々な意思決定を納得感のある形で行うためにどのような会議体や意思決定のルールを作るのか？」，「ガバナンス態勢を構築するのであれば，どのような業務規則を作成し，誰がどのようにチェックをするのか？」等を明確化する必要がある．大切なのは，ルールを作ることではなく，ルールが守られることであり，理念やビジョン，戦略に基づいた，従業員全員にとって納得感のあるルールか否かである．そのためにも，ルールを定める場合には現場の声を反映するとともに，納得感のあるプロセスを経て決定することが重要である．

(3)　組織構造

「組織は戦略に従う」と言われるが，戦略を実践できる組織がなければ目標達成は困難である．保険代理店における組織は階層別の組織が大半だと思われるが，ガバナンス態勢の構築や組織の相乗効果を発揮するためには，従来の個人完結型の事業部制組織から，役割分担を明確にした機能別組織への転換が必要と考えられる．しかし，組織構造を機能させるには，組織の規模・特性に基づき，それに応じた指揮命令系統や権限，人事制度等を策定することも必要である．具体的には，大規模な保険代理店のガバナンス強化には，監査役や社外取締役等の任命，内部監査部門や取締役会等の設置が必要になることもあるが，小規模な保険代理店の場合は，コンプライアンス責任者のような専門人員若しくは兼任従業員の任命で十分な場合も想定される．同様に，マーケティング強化や法人マーケット開拓を戦略と位置付けるのであれば，その能力に長けた人材の採用・育成や専門部署の設置等によって選択と集中を行うことや，社内の優秀な人材を集めて兼務型のプロジェクトチームを作ることも考えられる．また，社内に十分なマンパワーやノウハウがない場合は外部の専門家等を活用することも重要となる．

2.4　経営計画・ルールの落とし込み

素晴らしい経営計画やルールを作成しても，人材や能力が不足していれば実践できないし，適切なコミュニケーションを通して現場に周知徹底され，その進捗状況の管理ができていなければ，経営層と現場の乖離が生まれ，マネジメント不全に陥り，様々な環境変化にも対応できない．重要なのは，人材の採用・育成と活用，コミュニケーションの仕組みと改善活動の実践である．

(1)　人材活用

経営計画を立てて一人ひとりの役割分担と目標を明確にしても，実行するのは従業員である．従業員が，高いモチベーションで目標達成に向けた取組みを行わない限りは経営計画の達成は難しく，従業員一人ひとりの成長を促すこともできない．また，規模・特性に応じた適切なルールを作成したとしても，それを守るのは従業員であり，適切な教育・研修を通して，全員にルールを周知するとともに，積極的に守ろうとする姿勢を植え付けなければガバナンス態勢の構築は難しい．更に，戦略に応じて必要となる部門や組織体制を構築しても役割にふさわしい人材を採用・育成しない限りは器を作っただけになる．保険代理店は人材が全てであり，人材が会社やサービスのレベルを決めると言っても過言ではない．いかに人の特性や強みを理解し，適材適所に人を配置して相乗効果を発揮し，期待と承認を行うことでモチベーションを高めるかによってサービスの品質は大きく変わる．しかし，良い人材を採用し，育成するには，共感できる理念やビジョンのみならず，人材に対する会社の姿勢も非常に大切である．会社としての基本的ルール（労働基準法など労働・社会保険関係諸法令等）を守るのは当然であるが，一人ひとりの成長と自己実現の支援を行う体制も重要である．これからの保険代理店は役割分担と相乗効果で会社としてのサービス品質を高め，効率的・効果的な価値提供を行うことが求められる．そのためには，個人事業主としての報酬形態ではなく，組織化された法人の従業員としての報酬・人事制度が重要であり，経営者が雇用リスクを負い，限られた時間の中で組織としての最大パフォーマンスを発揮するために人を採用し，育てる文化を構築することが重要である．

(2) 教育・研修

優秀な従業員がそろっていても，会社の責任や個々の役割を果たすために必要な知識やマインドが備わっていなければ，計画を達成することも，ルールどおりの運用を行うことも困難である．そのため，経営計画や社内ルールの徹底を単なる知識の習得にとどまらず，会社の理念やビジョンと関連付けて魂を入れ込むことが重要である．また，受け身の姿勢や，実践を伴わない知識の習得だけではせっかくの教育・研修が無駄になる可能性がある．大切なのは，従業員が必要な知識やスキルを習得することによってお客様へのサービス品質が向上し，具体的な価値を生み出すことであり，それを念頭においた教育・研修が必要となる．例えば，理念や価値観等の思いの伝達には熱量の伝わるリアルの研修がよいが，単なる知識習得の研修についてはオンライン研修やｅラーニングを活用するほうが効率的・効果的な場合もある．ｅラーニングにすればコンテンツの再利用やリピート学習も可能になるため，学ぶ側にも教える側にも効率的である．また，スマートフォンやタブレットで場所や時間に捉われずに学習を行い，オンラインで確認テスト等を行うことで習熟度の確認も可能である．逆にリアルな研修を行う場合は，ディスカッションやロールプレーイングなどの実践的な研修を行うことが有効である．大切なのは学びを実践で活用することによって会社の価値を生み出すことであり，良いことを学んでもお客様の前で話をしなければ何の価値にもつながらない．インプット以上にアウトプットに時間をかける必要性を認識し，お客様へのアウトプットに限界がある場合は，提案資料の作成やロールプレーイングの実施，社内研修の講師といった形でもよいので，繰り返しアウトプット行い，自分の成長及びお客様への価値につなげることが大切である．

2.5　進捗管理と改善活動

計画やルールが従業員全員に伝わり，モチベーションを持って取り組んだとしても，結果として価値向上や売上向上といった目標達成につながらなければ意味がない．立てた計画や作成したルールに基づいて活動ができているか，目標に対して順調に成果が上がっているか否かを確認し，必要に応じて計画修正やルール改善を行うことが大切である．

(1)　コミュニケーションの仕組み

計画どおりに活動が行われ，期待された結果が出ているか否かは，各人の活動や結果の報告がなければ把握することができないし，半年や1年経った後に把握できたとしてもその時点からの改善活動では遅いこともある．単年度の目標達成や個々人の成長スピードを考えると，できる限り短いサイクルでPDCAを回す必要がある．例えば，個々人の目標達成度は毎日のように確認し改善することで，活動や数値計画に対してリアルタイムでキャッチアップを図ることができる．具体的には，年間の活動量や目標数値が決まっている場合，1年間の所定労働日数で割れば1日単位で必要な活動量や数値が見えるため，1日単位でPDCAを回して日々の活動に改善を加えることが可能である．しかし，組織が大きくなると組織全体の活動量や数値を簡単に把握することは困難であり，その作業に多くの時間を費やすことはできないため，効率的に情報を集約し，共有する仕組みが必要になる．目標達成の最終局面においては，進捗状況を日々具体的な数値で追いかけ，全員が目標を見据えた動きをすることが大切であるが，そのためには一人ひとりの活動量や活動結果が日々の業務の中で自動的に集約される仕組みを構築することが必要となる．

また，保険代理店はお客様や保険会社という密接な関係を持ったステークホルダの期待に応え続け，支援していただくことが存続と発展の前提であるため，積極的なコミュニケーションが必要不可欠である．お客様とのコミュニケーションの活性化は，お客様に寄り添い，サービス品質を高めるために必要であり，お客様からの苦情や期待を受け止め，社内で共有し，計画やルールの変更を行う仕組みが必要である．具体的には，苦情受付窓口の創設やお客様アンケート等によってお客様の満足度を図る方法が考えられる．また，保険代理店は情報提供産業であり，価値ある情報をいかに多くのお客様に提供し，役立ててもらうかがサービス品質に直結するため，社内で顧客情報を一元管理し，広く情報を発信できる仕組みを構築することも重要である．保険会社とのコミュニケーションは，保険会社の期待値と保険代理店の目標や活動のベクトルを合わせ，相互に協力してお客様へのサービス品質を高め，双方の目標を達成するために必要となる．保険代理店は保険会社の支援なしに良い仕事はできないため，自社の理念やビジョン，経営戦略や計画を保険会社に積極的に開示し，支援を仰ぐことも重要である．そして最終的には経営計画やルールに対する活動状況及び結果を把握し，活動状況や結果とお客様や保険会社からの期待値とのギャップに基づいて，計画やルールの変更を行い，変更した内容を更にステークホルダと共有する仕組みが必要である．

(2)　改善活動

どれだけ素晴らしい計画やルールでも実践するメンバーが高いモチベーションを維持して継続的に取り組まなければ結果を出すことはできない．そのためには，コミュニケーションを通して把握した進捗状況や，現場やステークホルダの意見を踏まえて目標数値やルールを改善することも大切である．計画どおりの活動ができない場合は行動計画の見直しが必要になるし，目標達成が不可能となった場合は目標自体を修正しなければメンバーの士気が低下してしまうことも考えられる．逆に，成果を上げて頑張っているメンバーや組織は，成功事例として取り上げ，表彰をするなどして，適切に評価をしなければモチベーションを持ち続けることが難しくなることも想定される．また，目標達成のためには追加の予算や人員を確保したり，優秀なメンバーを要職に充てるなどの人事を行ったり，相乗効果を発揮するために役割分担を変えることなども必要となる場合がある．戦略や計画も最初から 100％ではないことを前提に，進捗状況や環境変化に応じて改善活動を行い，メンバーのモチベーションを高めることで目標達成を実現するマネジメントも非常に重要である．

3　ストラテジー（経営戦略）

お客様は長い時間軸の中で保険の価値を享受する．個人の場合は保険を活用してライフプランを考え，企業の場合は保険を活用することによって，ゴーイングコンサーンを実現し，永続的に保険を活用しながら健全な経営を行う．そのため，保険代理店はお客様との長期的な関係を前提に顧客本位を追求する必要があり，経営環境を見据えた戦略を立て，様々な変化に対応しながら存続し続ける必要がある．

3.1　保険代理店を取り巻く環境の把握

経営環境の把握は，戦略を検討する上で必要不可欠であり，マクロ的な経営環境と個々のステークホルダとのミクロな関係性の両面を把握することが必要となる．

(1)　経営環境の変化

保険代理店は「マーケット環境」「競争環境」「規制環境」「業界環境」等の大きな環境変化に対応する必要があると考えられる．環境変化に適応することこそが存続と発展の前提であり，適応するには組織を構成するメンバーがその環境変化を認識し，意識や言動・行動を変える必要があり，困難を伴うとともに時間を要するため，早め早めの対応が必要となる．

(a)　マーケット環境

ネット販売や来店型ショップでの保険購入が日常化し，少子高齢化や車離れによるマーケット減少が確実視され，シェアリングの価値観が浸透する中で，保険代理店はお客様ニーズや環境の変化に対応し，柔軟にマーケットや商品，サービスや業務プロセスを転換することが必要である．

(b)　競争環境

銀行窓販や来店型ショップの増加，IT 企業等のプラットフォーマーによる金融サービス仲介業への参入，巨大な既存マーケットを持った大企業の参入，ネット保険の台頭等，保険業界の競争環境はますます厳しくなることが想定される．その中で専業の保険代理店はどのマーケットに対して，何を強みとして差別化を図っていくのかを真剣に考える必要がある．

(c)　規制環境

保険業法の改正により保険代理店はガバナンス態勢の構築を戦略の一つと位置付ける必要が生じてきた．一定水準のガバナンス態勢が確保されない保険代理店は業界から排除され，顧客本位の業務運営ができない保険代理店は顧客からの選別によって事業の継続が困難になるため，ガバナンス態勢の構築に加えサービス品質の向上が必要不可欠である．

(d)　業界環境

自然災害の増加やサイバーリスク等の新しいリスクが認識される一方で，自動車保険は技術の進化に伴う事故減少や所有から使用への流れの中で，保険料や手数料の減少が想定される．また，保険会社の戦略は海外やデジタルに向かい，国内営業は生産性を高めるために保険代理店に更なる自立を求めてくるものと考えられ，インシュアテックや少額短期保険等の代替サービスが増加する中で保険代理店はマーケットやサービスの転換を求められている．

(2)　ステークホルダの把握

保険代理店は長期的にサービスを提供するために，特に関連の深いステークホルダである「顧客」「従業員」「保険会社」等の期待値をしっかりと受け止め，対応することが求められる．

(a)　顧客

保険代理店は顧客の変化に向き合い，対応を考える必要がある．

① **顧客ニーズの変化**　例えば，安価な保険料の保険を求めるお客様や事故時の駆け付けサービス等を求めるお客様が増加する可能性がある．
② **マーケットの減少**　少子高齢化に加え，カーシェアリング等の普及により，車離れが進行する可能性がある．
③ **購買プロセスの変化**　自分の都合に合わせて，インターネットや通販，来店型店舗で利便性を優先する可能性がある．

(b)　従業員

保険代理店の主たる経営資源は人であり，従業員の満足度や仕事に対するモチベーションが企業価値に影響を与える．

① **就業環境の変化**　少子高齢化の中で，新しい人材を確保することが非常に難しくなる可能性がある．
② **価値観の変化**　転職が当たり前の時代・価値観の中で優秀な人材の採用・育成が滞り，優秀な人材が流出する可能性がある．
③ **関係性の変化**　権利を主張する従業員が増加する中で，労使関係の悪化で不要なトラブルが増加する可能性がある．

(c)　保険会社

保険代理店は保険会社の方針転換や営業戦略に大きな影響を受けるため，保険会社の方針等を注視し，期待に応える必要がある．

① **取引条件の変化**　求められるガバナンス態勢・業務品質や規模等の基準，手数料ポイント制度や委託基準が変わる可能性がある．

② **商品・サービスの変化**　保険料や商品内容の変化，AI を活用した事務や査定業務でサービス品質が変わる可能性がある．
③ **方針・戦略の変化**　海外業務やデジタル戦略の強化により，保険代理店への対応が大きく変わる可能性がある．

3.2　経営環境の把握とドメイン戦略

自社の経営環境（内部環境と外部環境）を幅広く把握し，自社のサービスやマーケットを決めることが事業における最初の戦略である．

（1）　SWOT 分析

経営戦略を策定する上で重要なのは，競合他社と比較して自社の強い部分と弱い部分をしっかりと理解した上で，環境的な機会と脅威を把握し，環境的な要素にいかに自社の経営資源を当てはめていくかを考えることである．SWOT 分析とは，企業の内部環境である「強み（Strength）」「弱み（Weakness）」と外部環境である「機会（Opportunity）」「脅威（Threat）」の頭文字をとった名称であり，内部環境と外部環境の二つの軸から現状を分析し，今後取るべき戦略を立案する分析手法である．SWOT 分析の最終的な目的は内部環境と外部環境を把握した上で「強み（Strength）」を活かして「機会（Opportunity）」を活用する「SO 戦略」等の経営環境に見合った戦略を策定することにあり，この戦略の策定を誤ると自社の特性と環境とのミスマッチが生まれ，企業の衰退につながる可能性が高くなる．

（2）　ドメイン戦略

ドメイン戦略は戦略の中で最も企業の使命や目的，ビジョンと関連が深い戦略であり，最初に定義すべき重要な戦略と言われている．具体的には，企業がどの領域でどのようなサービスを提供していくのかを明確にすることであり，様々な領域設定の仕方がある．

① **事業領域**　現在，既に事業として成り立っている領域
② **戦略領域**　これから戦略的に開拓していく将来の領域

③　**固有領域**　固有のサービスや商品に着目した領域
④　**機能領域**　提供する商品やサービスの機能に着目した領域

保険代理店は主に個人マーケットという事業領域に対して固有領域である保険商品を提供してきたが，昨今の経営環境や競争環境の変化によって事業ドメインを再定義することも重要である．例えば，顧客本位の業務運営を行い，お客様から選ばれるには，保険商品という固有領域から脱却し，お客様を守るという機能領域に価値観を移行することや，競争環境の変化に対応して個人という事業領域から法人という戦略領域に移行するなどが考えられる．しかし，機能領域に価値をシフトするには，保険でカバーできないリスクにも目を向けたリスクマネジメントノウハウが必要になり，個人から法人に事業領域を転換するには法人向けのサービスを拡充する必要がある．そのため，自社の規模・特性，歴史やマーケットに目を向けて事業ドメインを自社なりに設定する必要がある．また，このドメイン戦略で大切なのは企業側と環境側とのコンセンサスであり，会社のドメイン設定に従業員や顧客，取引先等が共鳴したときに初めてドメイン戦略は有効に機能すると言われており，そのコンセンサスが取れなければ企業はステークホルダからの信認を得られずに衰退を余儀なくされる．そのため，企業の未来の戦略や目指す方向性，サービスの集中や広がり等をわかりやすいスローガンという形で内外に示していくことも重要である．

3.3　競争環境の把握と戦略

保険代理店は競争環境の変化に対応して存続するために，「ファイブフォース」（新規参入・代替品・売り手・買い手・競合の5つの脅威）を理解し，その上で競争優位を保ち，存続し続けるために競争戦略を策定することが必要である．

(1)　競争環境を把握する

保険代理店の競争環境は下記のファイブフォースの観点から考えると，非常に厳しくなることが想定されるため，競争に勝つための戦略を検討する必要がある．

(a)　新規参入の脅威

参入障壁が低いことで異業種や他社が自社マーケットに参入してくる脅威であり，保険代理店は巨額の投資等が不要であるため，今後も異業種からの新規参入の脅威は増加すると考えられる．

(b)　代替品の脅威

競合関係になかった製品やサービスが，ある日突然競合となる脅威であり，ITの進化や法改正で保険流通プロセスが多岐にわたり，自動運転やインシュアテック等の保険の代替機能を持つサービスが増加している．

(c)　売り手の脅威

売り手の交渉力が強くて高値での仕入れや購入となり，利益率や競争力が低下する脅威であり，保険会社にとって重要で価値のある保険代理店とならなければ手数料やサービスが低下し，大きく収益性に影響する．

(d)　買い手の脅威

買い手の交渉力が強くて低価格での販売となり，利益率や競争力が低下する脅威であり，保険代理店変更のコストが不要で付加価値や品質レベルを感じにくいことから買い手（お客様）が強いという特徴がある．

(e)　競争業者の脅威

類似の規模・特性の競合他社が多数存在し，過当競争となる脅威であり，多くの保険代理店が類似の規模で，独自の差別化要素を持たず，保険会社の戦略や商品に依存して経営しているため，今後も過当競争状態が想定される．

(2)　競争戦略を立てる

競争戦略は大きく分けると，以下の三つの戦略に分けられる．

(a)　差別化戦略

明確な差別化要素を持つことで，同業他社に対して特異性で対抗し，買い手の交渉力を弱め，新規の参入障壁を高くする戦略であり，保険代理店も今後は保険商品への依存ではなく，独自の経営資源（付随サービスやリスク診断等）を構築することで競争力を持つことが必要である．

(b)　コストリーダーシップ

他社より低コストで商品やサービスを供給することにより，競争優位に立つ戦略である．保険代理店は保険料を自由に決めることはできないが，効率化や生産性の向上によって利益率の向上を図り，事故防止活動やリスク情報の収集によって保険会社と積極的な交渉を行うことは可能である．また，乗合保険代理店は保険料比較を行うことでより競争力の強い商品を選択することが可能である．

(c)　集中戦略

特定のマーケットやサービスに特化することで，同業他社との差別化を図るとともに，低コストを実現し，競争優位に立つ戦略であり，究極の地域密着や専属化による低コストの実現，業種やマーケットへの特化による専門化等で競争力を維持することが可能となる．

3.4　経営資源の把握と戦略

会社としての存在意義を維持するには，自社が保有する経営資源や提供するサービス・商品が将来においても有用な差別化要素となることが重要である．そのため，自社の経営資源を把握するとともに，その有用性を保持する戦略を構築する必要がある．

(1)　経営資源を把握する

保険代理店の経営資源を「人」「物」「金」「組織」の視点から考える．

(a)　人的資本　個人の属性，従業員を始めとする人材を意味し，募集人の経験値や能力・知識・倫理観，人材採用及び人材育成システム等がある.

(b)　物的資本　製品やサービス，それらを生み出す物理的資本等を指し，事務所の立地・形態・規模，事務所内の設備，ウェブシステムやソフト，保険商品やサービス・営業ツール等がある.

(c)　財務資本　様々な戦略を構想する上で企業が利用できる金銭的資源を指し，経営者の持つ自己資金や金融機関からの資金調達能力，保険会社の手数料ポイント等が考えられる.

(d)　組織資本　個人の集合体としての属性であり，組織として保有する顧客情報や地域ブランド，独自のノウハウや営業システム，業務フローやコンプライアンス意識等がある.

保険代理店においては，目に見えないため巨大資本に模倣されにくく，資源構築に時間のかかる「人的資本」「組織資本」を差別化要素とすることが有用と考えられる.

(2)　VRIO フレームワーク

VRIO は企業の経営資源がどれほど有効活用され，どこに競争優位性があるかを分析するフレームワークであり，資源戦略に活用できる.

(a)　価値（Value）

保険代理店が保有する経営資源や組織的能力が経済的価値を生んでいるか否かであり，多くの保険商品を取り扱っていても，お客様への正しい説明やアプローチができなければ価値が発揮されない.

(b)　希少性（Rarity）

保有する経営資源に希少性があるか否かであり，保険会社の商品を経営資源とした場合，多くの保険代理店が同じ商品を扱っている以上，希少性は低く，代理店独自の希少性あるサービスを構築することが求められる.

(c)　模倣困難性（Imitability）

保有する経営資源が模倣困難か否かであり，保険商品や簡単な差別化要素は模倣困難性が高いとは言えない．顧客との関係性や独自のサービス，機密性の高い情報や技術，開発に要するコストや時間がかかるものほど，模倣困難性は高くなる．

(d)　組織（Organization）

個人への依存ではなく，組織として保有している経営資源（良い商品や優秀な人材）を生み出し，活用する社内プロセスや組織構造，社内文化や仕組み等の有無であり，組織としての力を指す．

3.5　ガバナンス態勢の構築

保険代理店経営は攻めの戦略だけでは成り立たない．営業推進の強化や規模の拡大を行うのであれば，それに対応した強固なガバナンス構築が必要になる．

(1)　ガバナンス活動の全体像

ガバナンスとは，統治のあらゆるプロセスをいい，ガバナンス態勢の構築とは，企業の社会的責任を果たしていくための取組みである．

(a)　コーポレートガバナンス（企業統治）

企業の不正行為の防止と競争力・収益力の向上を総合的に捉え，長期的な企業価値の増大に向けた企業経営の仕組みである．目的は「企業不祥事を防ぐ」「企業の収益力を強化する」等であり，それらを社会全体の視点から見た議論と，投資家の視点から見た議論がある．

(b)　内部統制

企業や組織を適切にコントロール及びマネジメントするために，企業内・組織内に用意する自立的な仕組みであり，経営層を中心とした社内から見た場合の活動である．会社法は大会社に内部統制システムの構築を，金融商品取引法は上場企業等に内部統制報告書の提出を義務付けている．

(c)　コンプライアンス

企業が法律や内規等のルールや社会規範等に従って活動すること，又はそうした概念を指す．コンプライアンスは「企業が法律に従うこと」に限られず，「遵守」「応諾」「従順」などを意味しており，ステークホルダを含む一般社会からの要請や期待値に応えるための全社的な取組みである．

(2)　コンプライアンス意識の改善

コンプライアンス経営を実践する上でまず大切なことは，コンプライアンスに対する以下のような間違った理解を排除し，能動的にコンプライアンス経営を推進して，企業の価値・財産を構築していくことである．

(a)　コンプライアンス≠法令遵守

法律を守るのは企業において当たり前のことであり，コンプライアンスとは社内ルールや企業倫理，社会規範等を含んだ幅広い取組みを意味する．

(b)　コンプライアンス違反≠企業不祥事

コンプライアンス違反を犯すのは企業ではなく企業に係る個人であり，然るべき制裁や懲罰を受けることになる．自分と自分の家族のためにも正しい倫理観に基づいた行動・言動・判断を行うことが求められる．

(c)　コンプライアンス≠仕方なくやるもの

コンプライアンスの語源にはステークホルダを含む一般社会からの「期待に応える」という意味がある．仕方なく取り組むのではなく，ステークホルダの期待に応え，発展のために能動的に実施するものである．

(3)　コンプライアンス違反のリスク源の排除

コンプライアンスの徹底には主に二つのリスク源への対応が必要である．

(a)　**モラル**　以下のような価値観・考え方を改善することが重要である.

①　**目先の利益**　本来の目的やあるべき姿を見失う可能性がある
②　**慢心や油断**　重要な判断や意思決定を誤る可能性がある
③　**権力の腐敗**　権限の集中は，何でも思いどおりになるという錯覚を生む
④　**私的な欲求**　企業の公共性や社会性と相反する
⑤　**知識の不足**　法律やルールを知らなければ守ることができない
⑥　**怨恨や悪意**　労使関係の悪化，会社への不平不満は不祥事につながる

(b)　**環境**　以下のような組織風土を改善することが求められる.

①　**ルールの軽視**　コンプライアンス違反が問題視されない組織風土
②　**甘い価値基準**　何とかなるという軽はずみな意思決定の基準
③　**業績至上主義**　業績のために不正や法律違反をも受け入れる風土
④　**関係性の欠如**　相互の業務に無関心で閉ざされた業務実態
⑤　**積極性の減退**　能動的ではなく，受け身的な社風
⑥　**会社への不満**　会社からの指示に従いたくないという心理状態

4　リスクマネジメント（品質維持）

お客様に安定的なサービスを提供していくためには，有事の際の準備をあらかじめ行っておく必要がある．特に地震や台風の場合には，被災しているお客様に寄り添い，リスク最小化の支援とともに速やかで適切な保険金の支払いを行わなければならない．そのときに保険代理店自身が被災してパニックになっているようでは，その職責を果たすことができない．本規格に基づいて，平時には適切な業務を行い，顧客本位の業務運営を実践できていたとしても，優秀な人材がいなくなったり，事業承継が発生したり，地震や台風などの災害やパンデミックやサイバーリスクに遭遇したときに平時と変わらず保険代理店としての価値を発揮できる環境づくりを行うことが，顧客本位の業務運営を行う上で必要であり，それが保険代理店の価値向上や他保険代理店との差別化にもつながると考えられる.

4.1　組織化の推進

平時に素晴らしいサービスを提供していても，担当者の不在時や不慮の事故があった際にサービス品質が確保できないようでは，顧客本位の体制ができているとは言い難い.

(1)　組織化のステップ

保険代理店は社長や特定の従業員が突然いなくなっても，お客様に不都合が生じないように，またサービスの継続性及び品質を維持するために，次のようなステップで組織の充実を図っていくことが求められる.

(a)　**連絡が取れる体制**　一人の場合，まずは早急に事務員を採用することによって，営業時間中に電話が取れない状況や対応できない状況がなく，お客様に迷惑がかからない状況を作る必要がある.

(b)　**業務の停滞を防ぐ**　業務が停滞しない状況を作るために，少なくとも営業担当者2名，事務員2名の体制を構築し，一方がいなくても機能する状態を構築することが重要である.

(c)　**サービス品質の確保**　教育・研修やジョブローテーションを通じた能力やサービスの均一化及びお客様情報の共有を積極的に行っていくことが求められる.

(d)　**バックオフィスの拡充**　営業の担当がいなくてもバックオフィスにて対応ができる状態を構築することで，業務の効率性や適切性を一層高めることが可能になる.

(e)　**複数メンバーでの対応**　平時から（個人情報保護法等に抵触し

ない範囲で）顧客情報を他のメンバーと共有し，担当のローテーションや２人担当制を敷くことで，有事の際もスムーズに対応することが可能となる．

(f)　バックアップ人材の確保　優秀でなければ有事の際のバックアップができず，優良なマーケットの開拓もできない．そのため，優秀な人材ほどフリーな時間を確保することが重要である．

(g)　会社ブランドの構築　個人ではなく，会社ブランドでお客様をグリップするために，各人が持つノウハウやスキルを活用して相乗効果を発揮するとともに，社内で共有する仕組み作りが必要である．

一般的に組織が大きくなるにつれて人的なバックアップ機能は充実していくが，個人事業からスタートしている保険代理店の中には社内の他の募集人と情報の共有を行うことに抵抗があり，担当者の変更を嫌がるケースが見受けられる．しかしながら，お客様のことを考えると，個人ではなく会社として責任を持って対応することで，特定の個人が業務から離れたり，退職をしたとしても会社のサポートによってサービス品質を維持することが重要である．

(2)　人材の採用と育成

組織化を進めるに当たり，人材の採用と育成は欠かすことのできない課題である．しかし，業界の歴史として，多くの保険募集人が保険代理店研修生制度等を通して保険会社で育成され，そこから保険代理店として独立したり，保険代理店に所属しているケースが多いため，人材の採用・育成の経験が浅い保険代理店が多いと考えられる．しかし，今後は保険代理店自体が人材の採用・育成を行い，組織化を図っていくことが必要である．

(a)　人材の採用

人材に対する投資は不確実性が高く，辞めてしまうと支払った人件費が払い済みコストとなり，何も残らないだけではなく，教育・研修に費やした時間が無駄になり，経営者や組織のモチベーションを大きく下げることになる．多くの保険代理店においては，研修生制度や出向制度等を活用することを前提に経験のない人材の採用を行うか，契約を保有している個人若しくは法人の保険代理店との合併によって人材を確保することが多いと思われるが，それぞれの際の留意点は以下のとおりである．

（i）　経験のない人材の採用

保険業務経験のない人材の採用は保険代理店の課題であるが，自社の理念や価値観，業務について純粋に学び，育てやすいというメリットがある．一方で，一からの教育となるため，人材育成を担当する人員がいない場合は教育や研修が不十分となり，フォローや育成もできない中で，モチベーションを下げてしまい，辞めてしまうリスクも考えられる．そのため，最初は保険会社への出向等により，保険商品の基礎知識などについて教育を実施してもらうことも一つの方法である．

（ii）　経験者（他社の募集人等）の採用

保険業務の経験があるため即戦力にはなるが，前の仕事の習慣がついている可能性があるので，自社のルールに馴染ませることが必要である．前職の保険代理店の報酬体系にもよるが，雇用条件もしっかりと詰めて議論する必要がある．歩合給制度が少なくない業界であるが，自社の人材戦略と社内ルールを踏まえて処遇を検討し，採用することが重要である．

（iii）　保険代理店の合併

個人保険代理店か法人保険代理店か，対等合併か吸収合併かにもよるが，合併の目的や経営理念・ビジョン，今後の戦略などについてベクトルを合わせた上で実行しなければ，結果として解散することになりかねない．報酬の在り方や業務フロー等は保険代理店によって大きく異なることが多いところ，最初にお互いに納得できるまで議論をしなければ後々大きなストレスを抱えることになるため，注意が必要である．

(b)　人材の育成

人材の育成については，保険会社の研修制度や出向制度若しくは商品研修やｅラーニング等に依存している保険代理店も多いと思われるが，保険代理店の理念や価値観，歴史や文化等は自社にしか伝えられない．募集人としての教育のみならず，社会人・組織人としての教育も重要であり，独自の教育体制を整えることが望ましい．

（i）　独自の教育研修

保険会社の研修のみでは他保険代理店との差別化を図るのは困難であるため，これからの保険代理店は，自社の理念や方針，ノウハウやコンテンツを全員が活用できるようにオリジナルの研修を実施することが重要である．

（ii）　e ラーニング

e ラーニングのメリットはコンテンツを再活用したり，いつでもどこでも，何度でも従業員が受講可能ということである．ウェブ上の確認テスト等を実施することで習熟等も測れるため，知識習得の研修は e ラーニングが有用と考えられる．

（iii）　OJT

実践に基づいた教育は非常に有意義ではあるが，指導する人員によって教育の品質にギャップが出ないようにすることが重要である．OJT のみでは体系だった教育が難しいため，バランスよく実務に関わってもらうことを考えることが大切である．

（iv）　外部委託

社内において実施できる研修は社内で行うべきだが，社内の人間から聞く話と外部の人間から聞く話では伝わり方が違うのも事実であり，内容によっては，外部の人間が客観的に話したほうがよい場合がある．また，管理職研修や新入従業員研修等の保険募集とは関係のない研修については，外部の専門家に任せたほうがよい場合がある．

4.2　事業承継

高齢化が進む保険代理業界において，事業承継は業界全体の課題であるが，事業承継を行うためには経営に関する知識やノウハウを継承することが必要であり，相当な時間がかかる覚悟を持って取り組むことが大切である．ここでは，事業承継を行う上での課題を整理する．

(1)　後継者の存在

そもそも後継者がいなければ事業承継を行うことはできないため，早い段階で後継者を選定し，準備を行うことが求められる．個人で営む保険代理店の場合は，お客様の引継ぎさえしっかりとできていれば十分なケースもあるが，法人の場合は簡単ではない．いずれにしても，引き継いでもよいと思えるような魅力的な企業になっている必要がある．

(a)　後継者がいる場合

後継者がいる場合でも，事業のスムーズな引き継ぎのために，以下の点に留意する必要がある．

① **能力・知識の習得**　経営ノウハウや経営に必要となる会計・法律などの知識，社内の業務に必要となる知識を習得する．

② **受入れ体制の構築**　経営者としてステークホルダに承認してもらうために，保険会社や取引先及び社内メンバー等の納得感を醸成する．

③ **資金準備**　事業承継に必要となる納税資金や株式，事業用資産の買い取り資金を準備する．

④ **承継準備**　経営者の有事（病気や突然の事故等）に備えて，お客様に迷惑がかからない体制を早期に構築する．

(b)　後継者がいない場合

後継者がいない場合は，以下の対応等の中からいずれかを選択することになると考えられる．

① **後継者選定**　育成に相当の時間が必要となるため，期限を定めて早

期に選定し，見つからない場合は他の選択肢を検討する．

② **事業の清算**　借入金の返済や従業員の退職金の支払等，事業の清算に必要な費用と時間を考慮して決定する

③ **事業の売却**　早い段階で事業の価値評価を行い，できる限り価値の高いタイミングで信頼できる保険代理店への売却を検討する

④ **保険代理店合併**　顧客への継続的かつ高品質なサービス提供のために信頼できる保険代理店との合併を検討する．

(2)　後継者の教育

後継者の社内での経験年数にもよるが，事業承継後も顧客本位の経営を継続するためには自社の健全な経営が前提となるため，後継者にはその経営能力を身に付けてもらう必要がある．

(a)　経営者マインドの醸成

経営者になるということは全ての責任を負うことを意味する．お金やトラブル，従業員の生活を本気で背負う覚悟を持ち，必要に応じて自らが率先して模範を示し，会社の存続と発展のためにリスクを負って投資を行う勇気と気概も求められる．そして，何よりも重要なステークホルダであるお客様や従業員，保険会社の方々とコミュニケーションを取り，応援してもらえるような仕事に対する思いや人間的魅力が必要となる．

(b)　理念・価値観・業務の承継

経営者の会社に対する思いや価値観を引き継ぐとともに，それらに相応しい立居振舞いができなければならない．また，実際に会社を動かしていくためには，従業員一人ひとりの考え方や能力を理解し，社内にどのような業務があるのかを知ることも重要である．

(c)　経営ノウハウの承継

経営を行うためには経営者としての業務や知識，能力や人間性が必要である．具体的には，保険業法等に関する知識はもちろんのこと，社内

の適正な業務運営を確保するための業務知識，会社法や労働基準法，税務・財務や社会保険等に係る法律知識，会社の存続・発展に必要なマネジメントやトップ営業の知識・ノウハウが必要であり，多様な従業員やステークホルダとの関係を構築するためのコミュニケーション能力やリーダーシップ，多くのステークホルダから支援を受けるための会社や仕事，ステークホルダに対する思いや優れた人間力が必要となる．

(3)　自社株式・事業用資産の承継

円滑な事業承継を行い，後継者が安定的な経営を行うには，後継者や協力的な株主に相当数の株式や事業用資産を集中させることが重要であり，経営者の不測の事態に備え速やかに実行することが求められる．

(a)　生前贈与・遺言・譲渡

生前に何の対策もしないまま経営者が死亡すると，株式や事業資産が分散し，後継者の事業承継に支障が生じることがあるため，できるだけ早く事業に必要な権利や資産を後継者に譲るとともに，移譲が間に合わない場合に備えて遺言を作成しておくことが重要である．

(b)　会社や後継者による買取

経営者の死亡で自社株式や事業用資産が分散してしまった場合は，会社や後継者が相続人から買取を行う必要があるため，そのときに備えてあらかじめ買取資金を把握し，資金の準備をすることが必要である．

(c)　会社法の活用

相続時に自社株式（議決権等）を後継者に集中させて分散を防止する方法として，会社法の「株式の譲渡制限」や「相続人に対する売渡請求制度」「種類株式（議決権制限付株式等）」等の制度の活用も可能である．

(4)　退職時の必要資金の確保

事業承継に必要な資金を確保することは，後継者が健全に事業を承継するに当たり必要不可欠な対策であり，早急にその準備を始めることが求められる．経営者の勇退の場合は，計画性を持って取り組むことで対応可能だが，突然の死亡等の場合に備えることも重要である．

(a)　事業承継資金

自社株や事業用資産を買い取る必要がある場合や，生前贈与や譲渡及び相続が発生する場合の納税資金をあらかじめ計算して，早い段階から資金準備をすることが重要である．

(b)　退職金

役員の退職金規程がある場合は，勇退時及び死亡時の退職金の支払必要額を計算した上で，計画的に資金準備を進める必要がある．役員退職金は承継後の経営にも大きな影響を与えるため，経営状況に応じた支払額・支払方法を柔軟に設定することも重要である．

(c)　事業継続資金

事業承継に伴い，後継者の経験値や能力，信用力の低さから売上が減少したり，取引先との取引条件が不利益な形で変更となったり，あるいは銀行等の債権者が返済や支払いを要求する可能性がある場合は，それらを補填するための資金の準備が必要となる．

(d)　清算資金

後継者が見つからない場合や事業承継がうまく進まない場合は，お客様に迷惑がかからない形で事業を清算する必要があるが，その場合でも借入金等がある場合には清算資金が必要になるため，その金額を計算して準備をする必要がある．

従来の保険代理店の魅力はいつまでも仕事ができることだったかもしれないが，業界環境がスピーディに大きく変わる中で，企業として存続・発展するためには，環境変化に対応し，新しい価値観や期待値に基づいて変革を起こすことが求められる．そのためには，優秀な若い人材を登用し，仕事を任せていくことも大切である．事業承継はタイミングも非常に大切なので，そのタイミングを見極めるとともに，そのときに備えて魅力的な会社を作り，優秀な後継者を選定し，育成することが求められる．

4.3 BCPの作成

保険代理店がお客様に保険の持つ財務補填という価値を提供できるのは，事故が発生したときである．そして，そのときにしっかりとお客様を支えられるように，最適な提案を日々意識して行う必要がある．しかし，せっかく最適な保険に入ってもらっていても，有事の際に保険代理店が企業として機能しなければ役に立つことができない．保険代理店は有事の際にこそ社会から機能することを期待される業種であり，有事の際に健全に事業を継続し，お客様のために活動できる体制を構築することが重要である．

(1) BCPとは？

BCPとは事業継続計画のことであり，企業の事業継続を阻害するリスク（大規模な地震や台風，火災や水災，サイバーテロやパンデミック等）が顕在化した場合において，事業を継続するために必要な活動・行動を示したものである．

(2) BCPの内容

BCPの内容は，保険代理店の規模・特性に応じて様々であるが，主として以下のような内容を盛り込むことが必要である．

(a) BCPの目的

BCPが組織に浸透し，従業員一人ひとりがその重要性を認識するには，会社の理念や価値観，保険代理店としての在り方に基づいてBCPの重要性を共有し，教育・研修を通して全員がBCPの内容を理解することが必要である．また，有事の際にBCPに基づいて適切な行動・言動が取れるように，シミュレーション訓練等を行うことも重要である．

(b) 発動基準

BCPを発動する基準を明確にしておく必要がある．具体的にはどのようなリスクがどこで発生し，どの程度の影響が見込まれる場合に発動するかという具体的な発動基準と発動者を定めておくことが必要である．

(c)　発動直後の行動

リスクが顕在化した場合に各人が取るべき行動について記載する．地震や火災等のように従業員の身体に影響を与えるリスクの場合，まずは安全を確保するための行動を規定し，その後に対策本部の設置に向けた行動を開始する．対策本部の設置場所や本部人員の選定基準，本部人員の役割や業務への従事方法とともに一般従業員の行動基準なども決めておくことが求められる．

(d)　安否確認

BCPの活動とともに，従業員の安否を確認するための手段を規定しておくことも大切である．従業員はBCPの発動が想定される場合には，速やかに所在地，本人及びその家族の安否，自身の被災状況や出社の可否等の報告事項を定められた報告手段で報告することが必要である．

(e)　事業継続活動

BCPが発動された場合，一旦は全ての業務を停止し，安全・安否を確認した上で，災害時特別行動を取ることになる．発生したリスクの種類や影響にもよるが，直後においては人員や業務環境，システムやインフラ等が制限される可能性があるため，特定した期間内における優先業務と役割分担を明確化しておくことが必要である．

(3)　BCPの重要業務と優先順位

保険代理店の地震発生時における重要業務や対応の優先順位の高い業務，目標復旧期間については，2014年に発刊された新日本保険新聞社の「私たち損害保険代理店の事業継続計画」に掲載された表4.1が参考になる．

表 4.1　発災から 2 週間の間に

業務項目	部　門
災害対策本部の設置	災害対策本部
負傷者の応急救護	
安否確認（家族や居住環境含む）	
被災した従業員への対応	
必要物資の購入	
備品の管理・配布	
給与等の支払い（仮払いを含む）	
災害情報の収集・把握	
被害状況の収集・把握（自社）	
従業員等の出退勤可否の確認	
行動方針の決定	
出退勤の指示	
社長メッセージの発信	
基幹システム等の企画・管理・運用	システム
社内 OA 機器の企画・管理・運用	
ソフトウェアの企画・管理・運用	
情報発信（プレスリリース，取材対応等）	企画・広報
保険会社・業界関係者への連絡	災害対策本部
申込書・異動承認請求書・事故受付票等の在庫の管理	営業統括
契約者等からの相談・問い合わせ対応	損害サービス
事故受付	
事故報告書の作成	
保険会社への連絡	
保険契約の異動・解約の受付	募集・保全
異動承認請求書の作成・送付	
異動承認請求書の受付・受領	
異動・解約申込書等の保険会社持ち込み	募集・保全（新）
能動的な事故受付活動（電話ローラー，罹災見舞を含む）	損害サービス（新）
代理店勘定口座の入金状況・現金の確認	保険計理
デイリー精算と一括保管の分別	
集金一覧表・入金伝票の作成	
小切手の裏書・代勘口座入金	
代勘口座からの出金（小切手）	
デイリー精算（保険会社に送金）	
明細入力・送信・明細表作成	
一括保管口座に入金	
収支明細表の作成	
代理店勘定精算	
未入金・振替不能状況の管理	
未入金保険料の案内・督促・回収	
家賃や取引先等に対する支払い	経理会計
集計表の作成（自賠責保険）	保険計理
自賠責保険料の精算（保険会社に送金）	
領収証の発注・在庫管理	
更改申込書の作成・内容確認	募集・保全
募集・契約締結	
保険料等の集金・領収証の発行	

［出典　野元敏昭，野崎洋之，岩瀬健太(2014)：私たち損害保険代理店の事業継続計画，新日本保険新聞社，附 12-

優先して実施する業務

業務内容	復旧目標時間				
	当日	翌日	翌々日	～1週間	～2週間
・災害対策本部の設置を要する規模の地震災害が発生した場合に，災害対策本部を設置する．	○				
・従業員や周囲の者に対して，必要に応じて応急救護を実施する．	○				
・災害用伝言ダイヤル（171）及び連絡網を利用して，全従業員の安否確認を実施する．	○				
・被災した従業員及びその家族に必要な物資等を提供する．	○				
・応急及び復旧に必要な物資を購入する．	○				
・応急及び復旧に必要な物資について，従業員等の要望を整理し，提供する．	○				
・通常のスケジュールを狂わせることのないように，従業員等に対して給与等の支払を行う．（仮払いを含む）	○				
・テレビ・ラジオ等の媒体から，災害状況と，被災地域の被害状況，交通寸断の状況などを把握・整理する．		○			
・事務所，営業店舗，取引先等の被害状況を把握・整理する．		○			
・従業員の安否確認とともに，出退勤の可否を確認する．		○			
・災害の情報並びに自社及び関係先・取引先の被害状況をもとに復旧計画を検討する．		○			
・復旧計画に沿って，一般社員等について出退勤を支持する．		○			
・従業員等に対して，会社方針等を発信する．			○		
・基幹システム等の被害状況を把握し，災害対策本部に報告する． ・基幹システム等を早期に復旧させ，重要業務の実施に支障が生じないように管理・運用を行う．			○		
・社内OA機器を早期に復旧させ，重要業務の実施に支障が生じないように管理・運用を行う．			○		
・ソフトウェアを早期に復旧させ，重要業務の実施に支障が生じないように管理・運用を行う．			○		
・従業員等の安否や会社の被災状況をもとに，ホームページ等の媒体において情報を発信する．			○		
・従業員の安否や会社の被災状況，復旧計画をもとに，保険会社等に連絡する．			○		
・申込書・異動承認請求書・事故受付票等の在庫状況を確認し，必要に応じて保険会社に発注する．			○		
・契約者等からの相談・問い合わせに対応する．			○		
・事故受付を行う．			○		
・事故受付書を作成する．			○		
・事故受付書を保険会社にFAXする．			○		
・保険契約の異動・解約を受け付ける			○		
・異動承認請求書等を作成・送付する．			○		
・異動承認請求書等の受付及び受領する．			○		
・異動・解約申込書等を保険会社に提出する．			○		
・契約者リストをもとに，損害が想定される契約者に電話で被害状況を確認する．（事故受付）			○		
・代理店勘定口座の入金状況を確認し，必要に応じて他の口座に振り替える．				○	
・デイリー精算のお金と一括保管のお金を分別する．				○	
・集金一覧表及び入金伝票を作成する．				○	
・小切手に裏書をし，代理店勘定口座に入金する．				○	
・現金化された小切手のお金を代理店勘定口座から引き出す．				○	
・デイリー精算をする．				○	
・明細入力・送信・明細表を作成する．				○	
・一括保管口座に入金する．				○	
・収支明細表を作成する．				○	
・代理店勘定精算を実施する．				○	
・未入金・振替不能状況を確認する．				○	
・未入金保険料の案内・督促・回収を実施する．				○	
・家賃や取引先等に対して必要なお金を支払う．				○	
・集計表（自賠責保険）を作成する．				○	
・自賠責保険の保険料を精算する．				○	
・領収証の在庫を管理し，必要に応じて保険会社に発注する．				○	
・更改申込書を作成し，内容を確認する．					○
・契約者等の意図しないところで継続漏れが生じないように，契約更改を実施する．					○
・保険料等を集金し，領収証を発行する．					○

15をもとに作成．］

5　リスクコンサルティング（品質向上）

5.1　顧客本位とリスクマネジメント

情報の非対称性が存在する保険代理業において,「顧客満足」と「顧客本位」は異なると考えられる. 例えば, お客様の当面の要望やニーズに単純に応えることは「顧客満足」は満たすが, 本当の顧客本位とは, 誤ったニーズがあればそれを修正し, 必要のない保険はあえて販売せず, 不当な要求に対しては断固として拒否する姿勢を持つことである. そして, 目先の手数料ではなく, お客様の財務力やリスク環境等に見合った保険プランを提案し, 企業や個人を守るだけではなく, 保険を活用してライフプランや企業のビジョン達成に貢献することが求められる. それらの実践に必要不可欠なのが以下のようなリスクマネジメントの考え方である. なお, ここでは主に法人への提案を前提として記載するが, 個人においても同様の考え方を基軸に置くことが重要である.

(1)　リスクや財務実態に合った保険提案

最適提案を行うには, 保険商品の知識があることは大前提だが, それとともにお客様の経営ビジョン, それらを阻害するリスクとリスク量, 財務的な保有能力を把握することが重要であり, 保険商品のみならずリスクや財務等の幅広い知識が必要不可欠である.

(2)　最適な保険ポートフォリオの設計

お客様が求めているのは保険購入ではなく, 安心・安全な経営・生活の実現であり, それを実現するには一つのリスクに一つの保険という単純な部分最適ではなく, 保険でカバーできないリスクも含めた全体最適を導く必要があり, リスクマネジメントの知識や考え方が必要不可欠である.

(3)　保険を使わない経営の推奨

基本的に保険は「入ってください, でも使わないでください」という矛盾を抱えた商品である. 特に損害保険は有事の際にはその財務的な補填機能を発揮するが, 事故を起こした時点で信用力は減退し, 企業価値も低下する. 逆に, 事故の減少は信用力の構築や企業価値の向上につながり, 結果として保険の効率化や有効活用につながる．保険を使う必要が生じないようにするためにも，リスクマネジメントの知識は必要不可欠ある．

(4)　保険への依存度の低下

保険代理店の役割は保険を活用してお客様を守り，お客様の企業価値を高めることであるが，リスクと保険の視点から目指すべき姿に順位を付けると以下のとおりである．

・1番目：事故が起きないため保険に依存しなくてもよい会社

・2番目：事故は起きるが財務力があり，保険に依存しなくてもよい会社

・3番目：事故も起き，財務力もないが，保険を活用することで社会的責任を果たせる会社

(5)　企業の理念・ビジョン達成の支援

企業がコストを負担するのは理念とビジョンの達成のためであり，保険料も例外ではない．そのため，顧客本位の業務運営を実践し，お客様の理念とビジョンの達成に役立つための保険提案が求められる．ビジョン達成は毎年の経営計画の達成の延長線上にあるため，経営計画を狂わせるリスクを，保険の活用により保険料というコストに落とし込み，経営計画の達成確率を上げることでビジョン達成を支援することが求められる．

(6)　安心・安全で発展的な地域社会の創造

保険代理店の地域社会への貢献は，第一義的には有事の際に企業や地域社会を守ることであるが，リスクをいたずらに保険に移転して事故を増加させることではない．顧客本位の視点に立ち，企業と地域社会に貢献するには，お客様とともにCSV（creating shared value，共通価値の創造）を実践することが重要である．具体的には，事故を防止することで地域社会から事故を減らし，財務力を高めることで継続的な雇用や納税を実現することにより，保険料の減少を伴う企業の価値向上と安心・安全で発展的な地域社会の創造を実現していくことが大切である．

5.2　保険の価値を理解する

保険を企業経営に活かすには，保険の価値を正しく理解することが重要である．保険の価値は大きく「基本的価値」と「副次的価値」に分けられる．

(1)　基本的価値

財務的な価値であり，これらの価値は事故が起きることによって初めて享受できる価値であるため，本質的には発揮されないほうがよい価値であり，以下の三つが考えられる．

① 資産の減少を補填する
② 費用の損失を補填する
③ 将来の得られるべき所得や収入を補填する

(2)　副次的価値

事故が起きなくても保険を付保することで生じる価値であり，保険選択にはこの副次的価値を考慮することも大切である．

① **安心の提供**　保険加入により生まれる安心感の提供
② **投資の促進**　リスクを伴う事業への能動的な投資や活動を促進する
③ **資金流動化**　保有資金の流動化を可能にし，能動的な投資を促進する
④ **機能の促進**　保険料削減のインセンティブがリスク対策を促進する
⑤ **適切な判断**　保険による資金的な裏付けが有事の正しい意思決定を導く．
例）リコール保険があるからリコール発動の素早い判断が可能となる等．

5.3　リスクマネジメントプロセス全体像からの提案（図 5.1）

リスクマネジメントプロセス全体に関わることなく，保険の見積作成と提案を繰り返すだけでは，企業との深い関係性を構築できず，保険料や保険商品の優劣で関係が左右される．これからの保険代理店は，理念やビジョンの達成に

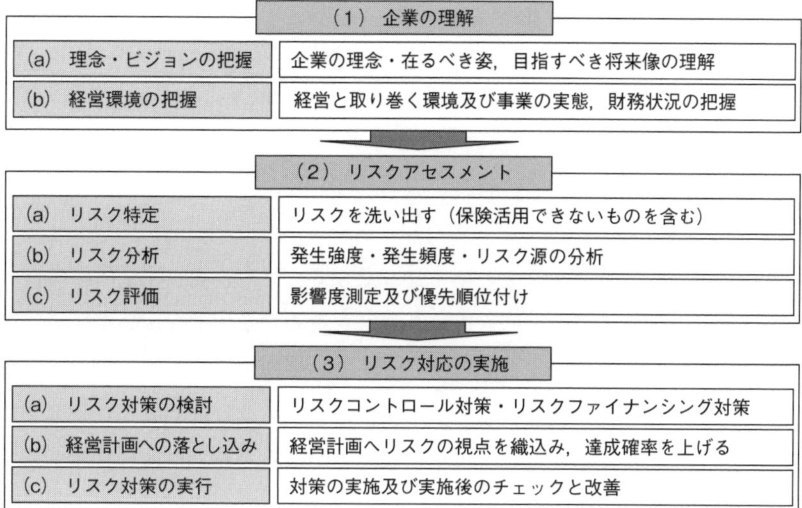

図 5.1 リスクマネジメントプロセスの全体像からの提案

必要なリスクアセスメントの支援をすることで，より深く企業に関わることが重要である．

(1) 企業の理解

リスクの定義は「目的に対する不確かさの影響」(ISO 31000) であり，リスクは「原点からの乖離」と「環境への不適応」から生じるため，目的やビジョン，企業を取り巻く環境を把握することでリスクが見えてくると考えられる．

(a) 理念・ビジョンの把握

保険代理店として企業活動の支援を行うということは，その会社の理念やあるべき姿，将来ビジョンの達成のために保険を活用するということであり，それらを知らずして支援を行うことはできない．

(b) 経営環境の把握

理念・ビジョンの実現に必要不可欠な企業の経営資源や取り巻く環境の把握を通して目的達成の阻害要因であるリスクを認識する．また，財務力から保険の必要性が見えるため，財務状況の把握も重要である．

(2)　リスクアセスメント

保険を効果的・効率的に企業経営に活かすには，対策を検討する前に，リスクアセスメントを実施してリスクを洗い出し，分析結果に基づいて対策が必要なリスク及びその優先順位を決めることが重要である．

(a)　リスク特定

会社が抱えるリスクを洗い出すプロセスであり，企業が安定的に経営を行うには保険でカバーできないリスクも含めた全体把握が必要である．

(b)　リスク分析

リスクの起こりやすさや結果（損失の大きさ）を分析するプロセスである．リスクによっては分析の精度に限界があるため，自社のリスク量についての決断が必要となることがある．

(c)　リスク評価

リスクの分析結果を踏まえて，重要性の高いリスクを認識し，対応が必要なリスク及びその優先順位を明確にするプロセスである．

(3)　リスク対応の実施

保険はリスク対策の一手法であり，最適な対策とは限らない．適切な対策は企業の価値観や戦略，リスク環境や財務状況及び対策予算によっても異なるため，経営計画の作成段階で検討することが望ましい．

(a)　リスク対策の検討

リスク対策にはコントロール対策とファイナンス（財務）対策があり，保険に偏ることなく，幅広い対策手法から企業に最適なリスク対策を提案することが求められる．

(b)　経営計画への落とし込み

リスク対策の実施の手順及び期限を定め，経営計画に落とし込む．財務戦略の一つである保険の検討についても１年間の活動と予算が設定される経営計画の作成時がよいと考えられる.

(c) リスク対策の実行

経営計画に基づいて，リスク対策を実施し，必ずその結果を検証して，改善することでPDCAを回していくことが重要である.

5.4 リスクの全体像からの提案 (図 5.2)

企業の最適保険設計を行うには，企業を取り巻くリスクの全体像を把握し，優先順位の高いリスクから保険を提案することが重要であり，保険提案の前に適切なリスクアセスメントを実施し，リスクマトリクスを作成することが有用である．一般的には縦軸には「結果（損失の大きさ)」が入り，横軸には「起こりやすさ（発生頻度)」が入る．分析したリスクをリスクマトリクスに置くことで，個々のリスクの会社に対する影響やリスク対策の優先順位，方向性を認識することが可能となる.

(1) リスクマトリクスの必要性

リスクアセスメントを行い，リスクマトリクスを作成することによって，以下のような価値を生み出すことが可能となる.

(a) リスクの全体像の把握

企業を取り巻くリスクの全体像を把握することによって，部分最適ではなく，全体最適を導くことが可能となる.

(b) 対策すべきリスクの把握

自社の財務基準との比較に基づいてリスクを認識することによって，対応が必要となるリスクを明確化することが可能となる.

(c) 優先順位の把握

結果と起こりやすさを把握することによって，対策を実施すべきリスクの優先順位を決めることが可能になる.

(d) 対策の方向付け

リスクコントロール対策や財務対策としての保険の活用に関するルールや方向付けが可能になる．例えば，リスク境界値（純資産等）を超えるリスクは必ず保険に移転する等のルール決めを行うことが可能となる．

(e)　社内でのリスク認識の共有

リスクマトリクスを社内で共有することによって，全社的にリスクに対する共通の認識を持つことが可能となる．

(2)　リスク対策の優先順位と方向性

一般的なリスクの優先順位は図 5.2 のⅠ～Ⅳの順となり，対策の方向性は以下のとおりである．

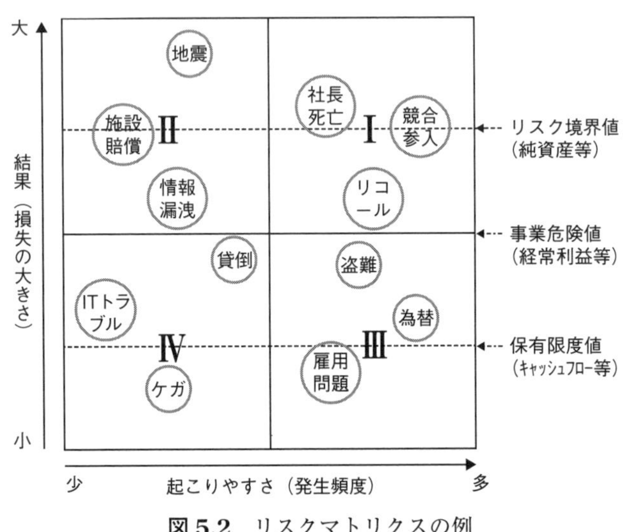

図 5.2　リスクマトリクスの例

Ⅰ：最も影響の大きいこの領域のリスクは，経営者も関心が高く対応が必須だが，保険の保障・補償機能ではカバーできないことが多いため，リスクコントロールの対策や自社の財務力で対応する保有対策（生命保険の活用等を含む）の提案が有用である．

Ⅱ：頻度が低く，起きたときの損失が大きいリスクが入るが，保険が最も貢献できるリスクが多く，積極的に保険を活用するとともに，損失の大きさを下げるリスクコントロール対策を検討する．

Ⅲ：発生頻度は高いが，大きな影響はないため，財務的には積極的にリスクを保有し，起こりやすさを下げるリスクコントロールの対策を優先すべきであるが，保険活用を行っているケースが多い．

Ⅳ：影響が小さいため，原則としてリスク対策を積極的に実施せず，他のリスクに対する対策を優先する．ただし，リスクは存在するため継続的に監視をすることが求められる．

5.5　リスク対策の全体像からの提案（図 5.3）

一つのリスクに対する対策は多岐にわたり，保険活用が最適であるとは限らない．つまり，保険代理店は保険以外のリスク対策にも精通する必要があり，それを踏まえた保険設計が求められる．

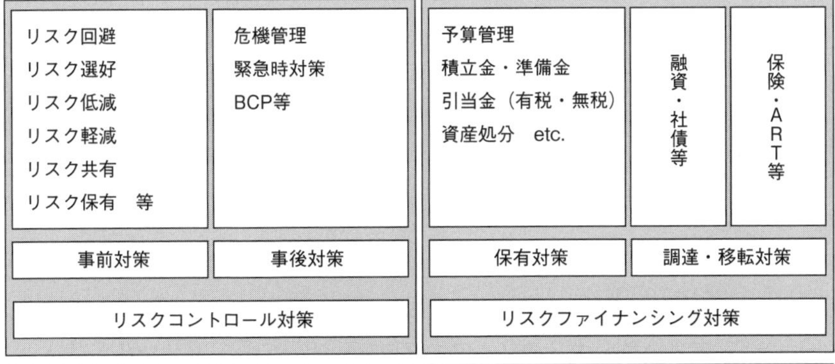

図 5.3　リスク対応策の全体像

(1) リスク対策の全体像を把握する

最適な保険活用のためには，リスク対策の全体像から考える必要がある．リスク対策は，大きく以下のように分類される．

① **リスクコントロール対策** 事故防止，損失軽減等の対策
- 事前対策：事故が発生する前に取る対策
- 事後対策：事故発生後に損失を最小化するために発動する対策

② **リスクファイナンシング対策** 有事の際の財務的対策
- 保有対策：自社の利益や自己資本等の財務力による対策
- 調達・移転対策：融資や保険等を活用して損失に対応する対策

(2) リスク対策の全体像から保険の最適化を行う

最適な保険設計を行うためには他のリスク対策を考慮することが重要であり，また保険よりも優先順位の高い対策がある場合は，あえて保険を使わないという選択肢を持つことも重要である．

(a) リスク対策の優先順位

対策の優先順位としては，まずは，事故が発生しないための事前対策，次に，起きてしまった場合の事後対策，3番目に，コントロールし切れないリスクに対する保有対策，最後に，調達・移転対策の検討となる．保険代理店が保険契約の締結を優先すると経営者の正しい意思決定を阻害することにもつながるので，注意が必要である．

(b) 保険の最適化

保険を最後に検討するもう一つの理由は，その手順でなければ最適な保険提案には至らないからである．リスクコントロール状況や財務的な保有能力によって保険設計の中身が異なるため，企業のリスクコントロール実施後のリスク量と財務力や財務戦略に基づいた，企業実態に即した保険提案を行うためには，他のリスク対策状況の考慮が必要不可欠で

ある.

(c)　保有から考える

保険の意思決定は，将来のリスク量に基づいて判断すべきであり，今の保険料で判断すべきではない．つまり，有事の際のリスクを保有するか否かを決定することが最重要であり，保険料を負担するか否かは次のステップである．リスク保有の判断は代表者や取締役会等にしかできない重要な意思決定であり，リスクを保有しない・できないという判断に基づいて保険の必要性が認識される．つまり，保険代理店は，保険に入るか否かではなく，有事の際のリスクを保有するか否かを問うことが非常に重要である．

(d)　保険以外の選択肢

リスク対策として保険活用が最善とは限らない．なぜなら，事業存続のために守るべき経営資源は企業によって異なるからである．事業存続のために守るべき経営資源が人であれば人を守る対策，特殊機械等の設備であれば物を守る対策，企業ブランドであればブランドを守る対策，財務的な補填であれば財務力の強化や保険を活用した対策である．守るべき経営資源の優先順位を考慮し，保険以外の選択肢を持つことが企業を守るためには必要である．

5.6　保険見直しの視点

保険の見直しにもレベルがあるが，ほとんどの企業が低レベル（レベル 1）の見直ししか行っていない現状がある．専業の保険代理店が保険見直しに関わる以上，より高いレベル（レベル 2 ～レベル 4）での保険見直し提案が求められる．

(1)　契約の効率化（レベル 1）

効率的な契約をするには，以下のようなポイントがあると考えられる．

(a)　無駄をなくす　保障・補償の重複や必要のない保障・補償をな

くすことである．例えば一つの建物に複数の保険が付保されている場合や人保険の部分について生命保険以外に傷害保険や自動車保険の搭乗者傷害保険等が付いている場合が考えられる．

(b)　最適商品の選択　同じ保障・補償内容でも商品や保険会社によって保険料や解約返戻金等が異なることがあるため，乗合保険代理店の場合は取扱い保険商品の中からベストな商品を選択することが必要である．

(c)　保険料の交渉　保険会社ごとに対応は異なるが，過去の損害率や事故防止の取組状況等，お客様に有利な情報を収集し，理論的に保険会社とレート交渉することが重要である．

(d)　保険期間の調整　損害保険は保険期間が長くなるほど割安になる傾向があり，長期保険活用の必要性と保険料の支払応力に応じて活用することで効率化を図ることが可能である．

(e)　割引の適用　保険商品には引受け条件によって割引が適用されるケースがあるが，それらをうまく活用することで，より効率的に保険を活用することが可能となる．

(2)　契約の適正化（レベル 2）

企業の規模・特性・価値観等に応じた適切な保険提案を行うには，企業の様々な情報を収集しなければならない．

(a)　企業価値の向上

企業価値を高める保険設計を行うには，価値を高める若しくは低める可能性を持つ保険があることを認識することが重要である．保険への過度な依存は事故の発生を助長し，企業価値を低める可能性がある．

例）　自動車の車両保険等は免責金額を設定することで，事故の減少にもつながり，保険料も削減される．一方で，浮いた保険料を従業員の福利厚生に回すことで優秀な人材の確保や離職率の減少につなげることが可能となる.

(b) 財務力との整合性

保険提案で重要なのは，リスクの保有可能額の把握と保有額の決定に基づき，財務基準を均一化して一貫性のある提案を行うことであり，財務実態を適切に把握することが求められる．大切なのは，保険料を払うか否かではなく，有事の際の損失を財務的に保有するか否かの判断を経営者に促すことであることを認識する必要がある.

例） 500 万円の車両リスクを保有し，1 日 3 000 円の入通院のリスクに保険をかけているケースがあるが，一般的には起こりやすく，損失の小さいリスクは積極的に保有して事故を減らし，起きにくく，損失が大きいリスクは保険をかけるべきである.

(c) ステークホルダの視点

株主，消費者，従業員，取引先，近隣住民等のステークホルダへの影響を考慮し，優先順位を付けることも重要である.

例） 第三者への補償である自動車保険の対人賠償責任保険は多くの企業が無制限の補償を付けているにもかかわらず，自社の従業員の補償（使用者賠償）には入っていない企業が多い．当然，第三者に対する補償も大切だが，会社のために寝食忘れて働き，業績に頭を悩ませた従業員が会社の安全配慮義務違反によって過労死や過労自殺をした場合の保険がないのは，優先順位として正しいかについてしっかり検討する必要がある．なお，安全配慮義務を遵守するよう注意喚起すること等も重要である.

(d) 社内規程との整合性

企業が従業員と結んでいる労働契約（退職金規程や上乗せ労災規程等を含む.）と保険がミスマッチとなっているケースや保険販売を目的として作成した規程の場合，企業の価値観や従業員の平等性・満足度を満たさないケースがある．また，従業員に平等な規定であっても，保険代理店の提案によって不平等がもたらされるケースもある．

例）　自動車保険に搭乗者傷害保険等がある場合，同じ労災で被災しても，工場で機械に巻き込まれた場合と自動車事故に遭った場合では，補償にギャップが生まれてしまう．

(e)　優先順位の適切性

基本的には個々のリスクの起こりやすさと損失額によってリスク対策の優先順位を決定し，それに基づいて対応を行う必要があるが，一つのリスクから複数の損失が想定される場合は，更に優先的に対応すべき損失を明確にして対応する必要がある．

例）　労災リスクにおける一般的な重要度の順位は，以下のとおりである．

1番：労働基準法上の災害補償責任（政府労災で対応）

2番：債務不履行による使用者責任（使用者賠償責任保険で対応）

3番：労働契約上の責任（上乗せ労災や生命保険・傷害保険等で対応）

しかし，大きな損失につながる使用者責任よりも，会社が自ら作成した規程に基づく労働契約上の責任に保険がかかっているケースが多い．

(3)　戦略的リスク保有による保険提案（レベル3）

戦略的リスク保有による保険活用とは，財務力を高めることによって能動的に保険への依存度を下げ，保険のパフォーマンスを上げていく考え方である．具体的には，社内にリスクファンドを構築することによって積極的に小さなリスクを保有し，その保険料を優先順位の高いリスクに割り当てることによって全社的な保険ポートフォリオを最適化しようとする取組みである．時間を要する提案であるが，継続的に取り組むことで，大きく保険ポートフォリオを改善し，全社的に効果的・効率的な保険活用が可能となる．リスクを保有する，リスクファンドを構築するという考え方を持つことで大きく保険の活用の仕方が変わることを認識する必要がある．

(a)　利益で吸収　毎年利益を上げているにもかかわらず，何年間も保険内容が変わっていない会社もあるが，本来は財務力の向上により保険の効率化が図れるはずである．リスク保有という概念がないために，保険の効率化のチャンスを失っていると考えられる．

(b)　自己資本で吸収　単年度の利益で吸収できないリスクは利益の蓄積である自己資本で吸収する．積極的なリスク保有による自己資本の拡充は，保険でカバーできないリスクに対するファンドのみならず，資金調達力の向上や，企業価値の向上にもつながる．

(c)　引当金等の活用　会計上の引当金や準備金を用いることで，損益計算書上の損失を平準化し，利益を守ることが可能となる．しかし，勘定科目を用いる条件があることや，有税の扱いとなるため，一般的にはあまり活用されていない．

(d)　金融商品の活用　効率的に，かつ保障・補償を兼ねながらリスクファンドを構築する手段として，セーフティ共済や生命保険等の金融商品を積極的に活用することも可能である．

(e)　既存ファンドの活用　自己資本や役員退職準備金等の資金蓄積がある場合は，それらの一部について有事の際のリスクファンドという捉え方をすることで大幅な保険見直しが可能となる．

(4)　戦略的リスクコントロールによる保険提案（レベル4）

リスクコントロールを積極的に行うことによって保険への依存度を低下させ，保険の効率化・適正化を図るという考え方である．具体的には，「起こりやすさ」や「結果（損失額)」を減らして保険を効率化する．リスク対策の実施がどれだけ保険料に反映されるかは保険会社や商品によって異なるが，自動車のフリート契約等は積極的に事故防止活動を行うことで保険料の大幅な効率化が可能となる．保険代理店として顧客本位の業務運営を実践するに当たり，できる限り有利な条件で企業に保険を活用してもらうために，リスクコントロール状況を把握したり，新たな対策を講じることは，保険の効率化とともに事故の減少をもたらし，企業の信頼性を高め，企業価値を高めていくことにもなり，事故のないより良い社会作りに貢献することにもつながる．

(a) 事故実績の共有　過去の事故履歴を把握し，損害率が低いことを示すことができれば保険料を大幅に削減できる可能性があるため，支払った保険料と受け取った保険金のデータを保管しておくことが必要である．

(b) 活動状況の共有　事故履歴がない場合でも，現在のリスクコントロール状況を把握し，対策の実施状況とその有効性を共有し，交渉することで，リスク実態に見合った効果的・効率的な保険活用が可能になることもある．

(c) 起こりやすさの低減　起こりやすさを下げるリスクコントロール対策を実施することで，保険料や保障・補償内容の交渉を行うことが可能になる．

例）サイバーリスクに備えたセキュリティ対策の導入や，ハラスメントに備えた教育・研修等

(d) 結果（損失）の軽減　損失を下げるリスクコントロール対策を積極的に実施することで，保険料や保障・補償内容の交渉を行うことが可能になる．

例）BCP 等の作成によって有事の際の事業復旧期間の短縮が図れることが明確な場合は，それによって必要な補償額が変わってくるため，利益保険等の保険金額を小さく設定することが可能になり，保険料の削減につなげることが可能となる．

(e) リスクの回避・移転　事故が起こらない環境を作ったり，契約等によって外部にリスクを移転することができれば，そもそも保険をかける必要がなくなる可能性がある．

5.7 コンサルティングサービス

これからの保険代理店は，保険商品の提案のみならず，独自の付加価値としてリスクマネジメントのノウハウを習得して保険提案の品質を向上させ，企業が保険活用を効果的・効率的に行うための仕組み作りや，リスクマネジメントのコンサルティング，教育・研修等を実施すること等が求められる．

(1) お客様の保険管理規程策定の支援

保険の意思決定は有事の際に企業の存続を左右する非常に重要な意思決定であり，保険管理規程を作成し，一定の基準とルールに基づいて意思決定され，手続きが行われることが重要である．保険活用の判断については，経営者や取締役が経営責任を問われないためにも，財務状況やリスク環境を把握し，明確な根拠を持って，然るべき意思決定機関で行うことが求められる．

(a) 保険管理規程の目的と方針

保険管理規程において下記のような目的や方針を規定し，適切な運用が行われているかをチェックすることが重要である．

① 財務状況やリスク環境を踏まえて適切な保険に加入する
② 責任ある意思決定を行うことで経営陣の注意義務を果たす
③ 役割分担を明確化して適正に業務を行う
④ 更新処理や事故対応等の保険管理事務を効率化する
⑤ 変更事項等に伴う対応を講じ，保険契約の有効性を維持する

(b) 保険加入の意思決定と役割

保険加入の意思決定基準も下記のように明確にルール化しておき，それに基づいて保険加入の可否を判断することが重要である．

① **財務基準**　自社の財務状況に基づいてリスク保有の可否を判断する
② **優先順位**　リスクマトリクスを作成し，優先順位に基づいて判断する
③ **費用対効果**　支払う保険料ともたらされる価値で判断する

④　**財務戦略**　財務戦略の一環として予算の範囲で検討する
⑤　**他の効用**　従業員の福利等の副次的価値を考慮する

(c)　保険契約の締結・管理に関する役割分担

保険加入に係る役割分担を下記のように明確に定めることが重要である．

①　**意思決定**　代表取締役若しくは取締役会（一定水準以下は総務部長等）
②　**予算作成**　財務部門等でリスクの保有限度及び決算予測等から予算を作成
③　**保険設計**　総務部門等で保険会社及び保険代理店と検討
④　**情報収集**　保険料算定に必要な情報を各部門から収集
⑤　**契約手続**　契約・保全は総務部門等，保険料の支払いは経理部門等にて実施

(d)　保険契約管理の業務手順

保険の有効性と適切性を確保し，有事の際に適正かつ迅速に保険金請求を行うために下記のような手順を定める必要がある．

①　**契約管理**　成立した保険契約の一覧表作成等の管理手順
②　**更新手続**　満期を迎える契約の管理と更新手続の手順
③　**解約・変更**　契約内容の変更，不要な保険を解約する手順
④　**事故対応**　事故が発生した場合の対応手順
⑤　**事故防止**　事故を起こさないために実施すべきこと

(2)　財務戦略としての保険活用

保険を財務戦略の一環として活用するためには，経営的な視点を提案に織り込み，全社的な視点で保険を提案するために満期日の統一を行ったり，経営計画とリスクと保険の連動性から，保険を活用して経営計画の達成確率を高め，ビジョン達成の支援を行うことが求められる．

(a) 経営計画にリスクの視点を織り込む

企業は理念とビジョンの達成のために，様々なコストを支払うが，保険料もその一つである．そのため，保険代理店は企業を守るという発想に加え，お客様のビジョン達成のための保険提案を検討する必要がある．具体的には，保険を活用することで，変動値であるリスクを保険料という定額のコストに落とし込み，安定的な利益を上げ，経営計画の達成確率を高めることで，その延長線上のビジョン達成を支援する．しかし，多くの企業は経営計画にリスクの視点を織り込んでいない．保険代理店は，経営計画と保険と利益には密接な関係があることを認識した上で，以下の点を踏まえて経営計画にリスクの視点を織り込むことを提案することが大切である．

① **必要利益の把握** 経営計画は会社の存続に必要な利益額を把握することからスタートし，そのために必要な売上を認識し，予算を作成する．

② **リスク量の算定** 必要利益は将来のリスク量から算定するため，リスクやその大きさを分析し，対応に必要な利益額を把握する．

③ **保険と経営計画** 保険がどの程度活用されているかによって必要利益額が異なるため，保険の活用度によって経営計画が変動する．

④ **保険の有効活用** 保険を有効に活用すればするほど必要利益が圧縮され，資金の流動化を生み出し，投資余力を生み出す．

⑤ **経営に関与する** 保険代理店はリスクの視点から経営に関わり，企業の経営計画やビジョンの達成のために保険を活用すべきである．

また，保険代理店は直接的な被害想定がしやすいB/S上の資産減少に関わるリスクについては提案しているが，売上減少や経費増加等のP/L上における影響についての提案は行っていないケースが見受けられる．さらに，一つのリスクから派生する損失についても提案することが大切である．

例） 工場火災の場合，失う資産の額よりも生産不能による売上減少の損失のほうが大きくなる場合がある．また，火災に起因する従業員の労災補償や地域住民への損害賠償の可能性があることを考慮して保険提案をすることが求められる．

(b)　満期日の統一

保険を全社的な視点で検討する上で，損害保険の満期日の統一は重要である．損害保険は一般的には毎年更新手続を行うが，多くの企業において満期日がバラバラになっている．理由は，建物や設備を取得するなどリスクが生じたときから保険に入らなければならないためであるが，財務戦略の一環として保険を経営に活かしていくためには，どこかのタイミングで決算期等に合わせて満期日を統一することが推奨される．満期日を統一するメリットは大きく5つ考えられる．

（i）　リスクの全体像から判断ができる

満期日がバラバラだとどうしても全体像から考えることができず，一つのリスクに一つの保険のベストマッチングという部分最適だけを考え，全体最適を導くことができなくなるおそれがある．

（ii）　企業実態の反映

毎年変化する財務状況やリスク環境に応じて，柔軟に保険のポートフォリオを変更することができる．財務状況に応じて保有可能額は変動するし，リスク環境に応じてリスク対策の優先順位も変わるが，それに応じて全体の保険設計を変えることが可能となる．

（iii）　保険料総額のコントロール

保険によってリスク（変動値）を保険料というコスト（固定値）に変えたにもかかわらず，満期日ごとに保険料が変動すると立てた予算が狂うことになる．満期日をまとめることで，一部の保険料高騰を他の保険料の削減で補うことや予算を修正することが可能となり，保険料総額をコントロールするとともに，年間の予算を確定させることが可能になる．

（iv）　取締役会等での意思決定

保険の満期が異なると取締役会等での決議が困難である．年に一度であれば，取締役会等でリスクの全体像を認識した上で，リスクの保有額の決定や付保の範囲などについての決議が可能であり，個別にリスク対策を検討するよりも，まとめて検討するほうが重要性の認識が高まるため，より慎重な議論を導くことが可能となる．

（v）**時間コストの削減**

満期日ごとに複数の保険会社から見積りを取って時間をかけて検討するよりも，年1回にまとめて手続を行うほうが，手続の適切性の向上のみならず保険担当者の時間コストを削減することにつながる．

(3) リスクコンサルティング

これからの保険代理店は顧客本位を追求するために，保険販売業からリスクコンサルティング業への転換を戦略として検討していく必要があると考えられる．保険会社の保険商品への依存ではなく，以下のような独自の経営資源を構築することによって他保険代理店との差別化を図ることが必要であり，将来的には保険契約の手数料だけではなく，リスクマネジメントのコンサルティング収入を得ることも考えられる．

① **リスク診断サービス**　リスクアセスメントの支援を行い，企業を取り巻くリスクを整理整頓して，優先順位を付けて対応を協議する．

② **リスク管理態勢構築**　外部リスクマネジャーとしてリスク管理体制の構築支援を行い，強い組織を作る支援を行う．

③ **リスク管理規程の作成**　リスクマネジメントの考え方，社内におけるリスク管理マニュアル及び各種の報告書式等を作成する．

④ **リスク関連教育・研修**　新人従業員から役員まで，役職や職種に応じた研修を行い，一人ひとりのリスク感性を高めるための研修を行う．

⑤ **提携先の紹介事業**　様々なリスク対策を提供する企業と連携してお客様を守り，保険の効率化を推進する．

保険代理店のこれからの一つのテーマは，保険以外の金融及び非金融のサービスをどこまで付加価値として提供し，それらを融合させていかに相乗効果を作るかである．

執筆者略歴

吉田　桂公（よしだ　よしひろ）　弁護士，公認不正検査士

2002年11月司法試験合格．2003年3月東京大学法学部卒業．2004年10月のぞみ総合法律事務所入所．2006年4月～2007年3月日本銀行，2007年4月～2009年3月金融庁に出向（金融庁では，検査官として，金融機関の立入検査等の業務に従事）．2009年4月のぞみ総合法律事務所復帰．保険会社（生保，損保），保険代理店，保険仲立人等のコンプライアンス態勢の構築支援，内部監査の支援，顧問業務等を多数担当．のぞみ総合法律事務所パートナー弁護士．一般社団法人日本損害保険代理業協会アドバイザー．2021年(一財)保険代理店サービス品質管理機構監事就任．

川西　拓人（かわにし　たくと）　弁護士

2002年3月京都大学法学部卒業．2003年弁護士登録，弁護士法人御堂筋法律事務所入所，2008年金融庁検査局出向（金融証券検査官，専門検査官），2010年御堂筋法律事務所東京事務所，2015年のぞみ総合法律事務所．日弁連社外取締役ガイドラインチーム，東京弁護士会公益通報者保護特別委員会，金融取引法部会に所属．保険持株会社，少額短期保険事業者，上場事業会社等の社外役員及び大手保険代理店の社内委員会外部委員を現任．のぞみ総合法律事務所パートナー弁護士．2021年(一財)保険代理店サービス品質管理機構アドバイザー就任．

行木　隆（なめき　たかし）

1995年日本大学経済学部卒業．1998年三井住友海上保険(株)(旧三井海上）を退職し，保険代理店を設立，代表取締役就任．2000年保険代理店を譲渡し，リスクマネジメントとITの融合を目指しながら，保険代理店の業務をサポートする会社として株式会社カブトを設立，代表取締役就任．2012年日本青年会議所保険部会第33代部会長に就任し，自然災害やサイバー攻撃・パンデミックなどの対応について情報共有を図り対応力の強化を目指す国際保険流通会議を発足．2021年(一財)保険代理店サービス品質管理機構評議員就任．

松本　一成（まつもと　かずなり）　MBA（経営管理修士），社会保険労務士

1994年関西学院大学卒業，1997年三菱UFJ銀行（旧三和銀行）退職し，損保ジャパン（旧安田火災）に研修生として入社．独立後，メーカーの総務部長，社労士法人の経営，コンサルティング会社の役員等を兼務し，現在ARICEホールディングス(株)や全国型の乗合代理店である(株)A.I.Pなど複数の会社を経営しながら，NPO法人の副理事長や日本代協の理事を務め，保険代理業界の地位とレベルの向上を目指して活動している．2021年(一財)保険代理店サービス品質管理機構監事就任．

JSA-S1003
保険代理店サービス品質管理態勢の指針　解説

定価：本体 2,000 円(税別)

2021 年 3 月 18 日　第 1 版第 1 刷発行

著　　者　吉田桂公・川西拓人・行木　隆・松本一成
監　　修　(一財) 保険代理店サービス品質管理機構
発 行 者　揖斐　敏夫
発 行 所　一般財団法人 日本規格協会
〒108-0073　東京都港区三田 3 丁目 13-12 三田 MT ビル
https://www.jsa.or.jp/
振替　00160-2-195146
製　　作　日本規格協会ソリューションズ株式会社
印 刷 所　株式会社平文社

ISBN978-4-542-30707-0